JIANZHU GAILUN

建筑概论

刘叶舟　李志英　王晓云　王玲　龙晔◎编

云南大学出版社
YUNNAN UNIVERSITY PRESS

图书在版编目（CIP）数据

建筑概论 / 刘叶舟等编. -- 昆明 : 云南大学出版社, 2021

ISBN 978-7-5482-4379-3

Ⅰ. ①建… Ⅱ. ①刘… Ⅲ. ①建筑学－概论 Ⅳ. ①TU

中国版本图书馆CIP数据核字(2021)第156116号

策　　划： 张丽华
责任编辑： 王登全
封面设计： 王婳一

建筑概论

刘叶舟　李志英　王晓云　王玲　龙晔 ◎ 编

出版发行： 云南大学出版社
印　　装： 昆明理煋印务有限公司
开　　本： 787mm × 1092mm　1/16
印　　张： 18
字　　数： 333千
版　　次： 2021年10月第1版
印　　次： 2021年10月第1次印刷
书　　号： ISBN　978-7-5482-4379-3
定　　价： 45.00元

社　　址：昆明市一二一大街182号（云南大学东陆校区英华园内）
邮　　编：650091
发行电话：0871-65033244　65031071
网　　址：http://www.ynup.com
E－mail：market@ynup.com

若发现本书有印装质量问题，请与印厂联系调换，联系电话：0871-64167045。

前　言

“建筑概论”是建筑学专业一年级的建筑通识教育课程，是新生入学的专业“第一课”，其教学目的是通过建筑基础知识的铺垫，使学生初步了解建筑学专业的知识结构和基本的建筑设计知识，为后续的专业课学习打基础。对于一年级新生而言，“建筑概论”是一门内容较为综合的课程，对于激发学生的专业学习积极性有着较为重要的作用。本书的编写融入了编者多年的教学和设计经验，针对初学者的认知特点和接受能力，采用简洁的文字和直观的图片，简明扼要地介绍了建筑历史、建筑美学、建筑结构、建筑材料、形式构成、设计方法等知识，并精选一些建筑实例，以便于理解。

本书涉及的建筑知识，大致可分为三个层次：首先，将建筑环境、空间、形态等作为基础理论切入点，强化建筑的自然、社会与物质属性，体现了现代设计教育的基本理念；其次，分析了建筑样式、类型、材料、结构等技术层面的内容，从抽象到具象，多层次、多角度地解析建筑学的内容体系；最后，就建筑设计的方法、步骤、思维过程等实训内容进行分析介绍，以便读者初步了解建筑设计的一般原理和方法。

本书的编写分工为：第 1 章刘叶舟；第 2 章李志英；第 3 章王晓云；第 4 章龙晔；第 5 章王玲。

感谢云南大学“本科教材建设项目（2018JC45）”和云南大学建筑与规划学院对本书编写、出版提供的经费资助。本书在编写过程中，得到了云南大学各部门和领导的热情帮助和支持，在此表示感谢。本书编写中还参考了国内外众多学者的研究成果和文献资料，均已在参考文献中列出，在此一并对各位作者表示衷心的感谢。

希望本书对广大建筑学初学者有所裨益。但由于编者水平及时间所限，书中疏漏和不足之处在所难免，恳请广大读者和同行师长不吝赐教，以便我们不断完善。

编　者

2021 年 5 月

目　　录

第1章 认识建筑

1.1 建筑的含义

“建筑”一词源于英语 architecture，有别于 building（房屋，图1-1），construcition（构筑物，图1-2），也有把它译作建筑学、建筑艺术（图1-3）等。在《辞海》里，“建筑”这个词有三层含义：①建筑物和构筑物的总称；②工程技术和建筑艺术的综合创作；③各种土木工程、建筑工程的建造活动。

图1-1 法国某公寓

图 1－2　胡佛水坝

建筑物：一般指主要供人们进行生产、生活或其他活动的房屋和场所，如：工业建筑、民用建筑、农业建筑和园林建筑等。

构筑物：一般指人们不直接在内进行生产和生活活动的场所，如：桥梁、涵洞、堤坝、挡土墙等。

工程技术：将自然科学的原理应用到工农业生产部门中去而形成的各种生产技术的总称。

建筑艺术：通过建筑群体组织、建筑物的形体、平面布置、立面形式、结构方式、内外空间组织、装饰、色彩等多方面的处理所形成的一种综合艺术。

综上所述，建筑是人们为了满足社会生活需要，利用所掌握的物质技术手段，并运用一定的科学规律和美学法则创造的人工环境。从广义上来说，建筑是研究建筑及其环境的学科，是一门横跨工程技术和人文艺术的学科。

图1-3 维特拉消防站

1.2 建筑的类型

建筑与人类文明同步向前发展，经历了漫长的原始社会、农业社会、工业社会各个时期，形成了各种建筑类型。对建筑物进行分类，有利于掌握各种建筑类型的规律和特点，有利于对其营造、管理和设计的把控。建筑物的分类方法很多，一般可按使用性质、高度、结构形式等分类。本书主要介绍按使用性质分类的建筑，如：居住建筑、公共建筑、工业建筑和其他建筑。

1.2.1 居住建筑

人们日常居住的建筑称为居住建筑，如别墅（图1-4~图1-6)、公寓（图1-7~图1-8)、民宿（图1-9）等。

西班牙瓦尔登7号公寓，提供了公共空间和空中花园，把“世外桃源”的想法转化成建筑现实（图1-7）。

图 1－4　美国螺旋形住宅

图 1－5　法国波尔多住宅

图1-6 美国道格拉斯住宅

a. 公寓外观1

b. 外观2　　　　c. 中空花园

图1－7　西班牙瓦尔登7号公寓

丹麦奥胡斯冰山公寓，建筑体量被锯齿状的线条切开，将其得天独厚的视野优势和阳光条件发挥到极致，每间公寓都具有最大化的视野和日照条件，表现出错综复杂的美学形态（图1－8）。

a. 沿海岸线公寓外观

b. 公寓内街　　c. 建筑局部

图1-8　丹麦奥胡斯冰山公寓

民宿作为当下较为流行的旅居建筑形式，呈现出多种多样的个性和特点，例如将老屋改造成的会泽公园1727民宿，结合了现代元素与古典韵味，将老屋的历史痕迹与故事保存下来，可以让人体验到老屋的内涵（图1-9）。

a. 小　院

b. 外　观

图 1－9　会泽公园 1727 民宿

1.2.2　公共建筑

人类渴望建立和维系社会关系的天性，促使人们建造了各种类型的建筑供人们进行工作、学习、商贸、聚会等各种公共活动，这些建筑称为公共建筑。公共建筑按使用功能分类，可分为下列几种类型：办公建筑（图 1－10 ~ 图 1－12）、观演建筑（图 1－13 ~ 图 1－15）、博览建筑（图 1－16 ~ 图 1－18）、会展建筑（图 1－19 ~ 图 1－21）、体育建筑（图 1－22 ~ 图 1－

24)、文教建筑（图1－25～图1－27）、交通建筑（图1－28～图1－30)、医疗建筑（图1－31～图1－33)、宗教建筑（图1－34～图1－36）等。

表1－1　公共建筑主要类型

按使用功能分类	案　例
办公建筑	 图1－10　深圳腾讯滨海大厦
	 图1－11　英国瑞士再保险总部大楼
	 图1－12　重庆博建设计中心

续 表

按使用功能分类	案　例
观演建筑	 图 1－13　挪威奥斯陆歌剧院
	 图 1－14　上海保利大剧院
	 图 1－15　哈尔滨大剧院

续 表

按使用功能分类	案 例
博览建筑	 图 1－16　浙江嘉兴木心美术馆
	 图 1－17　浙江嘉兴李叔同纪念馆
	 图 1－18　法国芒通让科克托博物馆

续 表

按使用功能分类	案　例
会展建筑	 图 1－19　1998 世博会葡萄牙馆
	 图 1－20　2008 西班牙世博会萨拉戈萨"桥"展馆
	 图 1－21　2010 上海世博会中国馆

续 表

按使用功能分类	案 例
体育建筑	 图 1－22 北京中国国家体育场
	 图 1－23 扬州体育馆
	 图 1－24 天津大学新校区综合体育馆

续 表

按使用功能分类	案 例
文教建筑	 图 1－25 挪威斯塔万格 Waldorf 学校
	 图 1－26 杭州象山美院
	 图 1－27 四川德阳孝泉镇民族小学

续 表

按使用功能分类	案 例
交通建筑	 图1-28 荷兰鹿特丹中央火车站 图1-29 葡萄牙里斯本东方火车站 图1-30 昆明长水机场航站楼

续 表

按使用功能分类	案　例
医疗建筑	 图 1－31　丹麦哥本哈根儿童医院
	 图 1－32　南京鼓楼医院
	 图 1－33　香港大学深圳医院

续 表

按使用功能分类	案 例
宗教建筑	 图1－34 台湾东海大学路思义教堂 图1－35 比利时透明教堂 图1－36 圣地亚哥光之殿堂

1.2.3 工业建筑

用于工业和农业（包括畜牧业、渔业、养殖业等）生产的建筑称为工业建筑，在建筑设计上能满足特殊的工艺需求，如希腊阿尔戈斯水泥厂发电站（图1－37），丹麦哥本哈根垃圾焚烧发电厂（图1－38）。

图1－37 希腊阿尔戈斯水泥厂发电站

图1－38 丹麦哥本哈根垃圾焚烧发电厂

1.2.4 其他建筑

（1）墓园建筑

“墓园（cemetery）”一词源于希腊文的“Koimeterion”，意思是“人们长眠的地方”，指特定的具有一定规模的用于集中埋葬死者的土地。随着人类的发展，各地区各民族产生了很多种不同的方法来埋葬和纪念已故之人，处理方法根据各地区各民族的文化信仰和科技水平的不同而千差万别，墓葬行为、墓地直至现代墓园的产生和发展正是人类生死观、价值观的物质化体现。意大利布里昂家庭墓地（图1－39），是结合建筑、景观和雕塑的杰作。瑞典斯德哥尔摩森林墓园以简单的几何元素土丘、步道、十字架、墙面、柱廊建立的空间序列，给人一种震撼心灵的肃穆和宁静感（图1－40）。

a. 墓地水池与花台　　b. 墓地一角

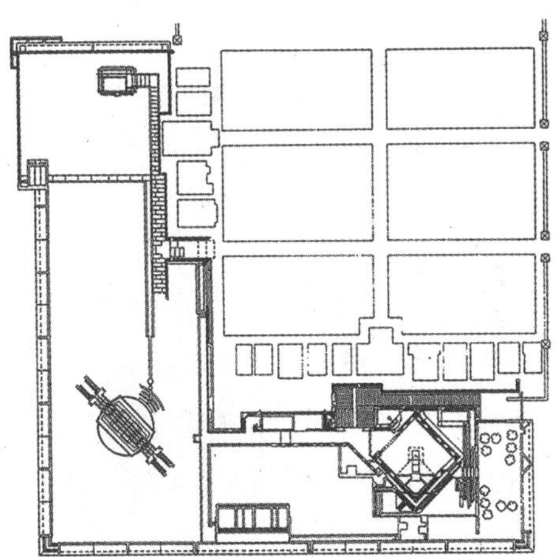

c. 总平面图

图1－39　布里昂家庭墓地

a. 延伸向火葬场的坡道

b. 草地上的十字架

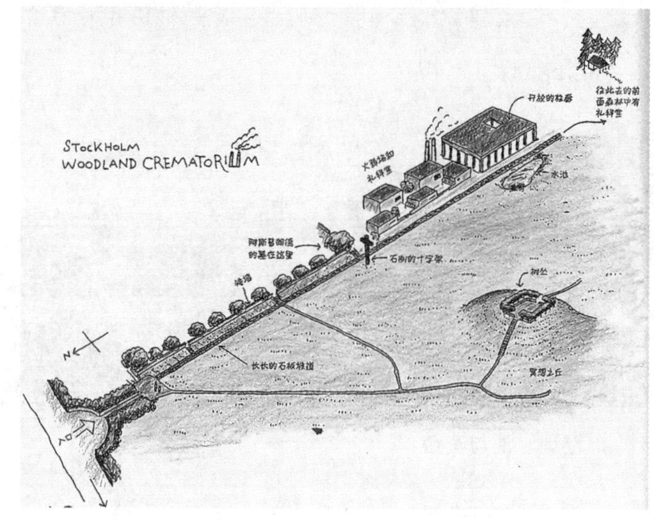

c. 总平面图

图 1－40　瑞典森林墓园

（2）桥梁建筑

桥是联系两个地点的纽带，是通向下一站的道路。桥上加建亭、廊等建筑，既可以遮阳避雨，又能增加桥的形体变化，这类建筑被称为桥梁建筑（图 1－41、1－42）。在现代空间中，桥体的造型更是变化多样，既可作为交通连接，也可独立造景，成为空间的亮点，例如台湾屏东县恒春古城人行桥基部高低起伏之间创造的大大小小的桥下空间，让人们能以空间化、实体化的方式来体验古城的过去，感受历史的气息（图 1－43）；上海青浦浦仓路北人行桥，以“曲径”的形态连接北淀浦河南北两岸，从不同的角度看上去呈现不一样的造型（图 1-44）；横跨江面，兼做步行桥的吉首美术馆（图 1-45a、b）；连接土楼之间的桥上书屋（图 1-46a、b）。

图 1-41 建水双龙桥

图 1-42 坝美风雨桥

图 1-43 台湾屏东古城人行桥

图 1－44　上海青浦人行桥

a. 吉首美术馆外观 1

b. 吉首美术馆鸟瞰

图 1－45　湖南吉首美术馆

a. 桥上书屋外观 1

b. 桥上书屋外观 2

图 1－46　福建土楼桥上书屋

1.3　建筑属性

建筑是一种受地理、环境、气候、政治、宗教等因素影响的产物。人类社会的发展与变迁，都会在建筑中反映出来，因而建筑具有物质技术性与社会文化性的双重属性。

1.3.1 建筑的物质技术性

建筑的物质技术性包含三层内涵：建筑的存在形式是物质的，建筑是以物质的手段构成的，建筑的使用方式是物质的。建筑的这三个物质性意义要求建筑业者要重视其物质性，不能只注重设计形式好看，还需顾及是否建造得起来，以及造好以后是否适用。

（1）空间性

建筑，或规模宏大或玲珑小巧、或有东方韵味或有西洋风情、或沉稳古典或现代奔放，无论知名与否，其对不同空间的诠释却是各具特色的。中国古代哲学家老子在《道德经》中曾对空间的形成和作用有过精辟的描述："埏埴以为器，当其无，有器之用。凿户牖以为室，当其无，有室之用。故，有之以为利，无之以为用。"即门、窗、墙等实体是用于围合空间，而人类使用各种建筑材料来建造建筑的最终目的，是利用其内部空间达到遮风避雨及生活起居的目的。这就揭示了建筑的根本目的是创造适用空间。

建筑空间在其形成的方式上各有不同，如封闭空间、流动空间、共享空间、开放空间、"灰空间"等各种空间形式，各类空间的实用性也不尽相同。用实体的墙、楼地板、门窗围合成的封闭空间完整、独立，私密性较好，是较常见的空间形式，适用于卧室、教室、办公室等空间。不同的空间形式带来不同空间感受，形成不同的室内环境。

流动空间：空间既有一定的功能分区，又有一定的完整性，空间隔而不断，适用于博物馆、展厅等展示空间（图1-47~50）。

共享空间：处于建筑中心，周围环以多层挑廊，是一个具有公共交流及休息功能的空间，常见于大型商业建筑、旅馆、办公楼（图1-51~54）。

灰空间：介于室内与室外空间之间，往往有顶无墙或仅用铺地、列柱将建筑与外部空间“虚”分离，灰空间一般是室内外空间的过渡（图1－55～1－57）。

图1－47 龙美术馆

图1－48 绩溪美术馆

图1－49 树美术馆

图 1－50　Zeite MOCAA 艺术博物馆

图 1－51　上海大剧院

图 1－52 荷兰生物多样性中心

图 1－53 瑞典银行总部

图 1－54　云南省博物馆

图 1－55　芬兰赫尔辛基图书馆

图1－56　沙特阿拉伯阿卜杜拉国王石油研发中心

图1－57　墨西哥巴洛克艺术文化博物馆

交通联系空间：走廊、坡道是建筑室内外交通联系空间，其形状、尺度根据设计要求而变化。(图1－58～1－60)

图1－58

图1－59

建筑空间具有层次性，首先墙、柱、楼板围合成房间，再由各房间组合成一幢建筑（图1－61），不同功能的建筑形成街坊，道路又将街坊连成城市（图1－62）。按空间组合的各阶段，对应的设计范畴分别为室内设计、建筑设计、城市设计，各层次空间设计都是建筑学的研究对象，不同层次的空间设计要相互衔接。

图1－60

图 1－61　上海交响乐团音乐厅

图 1－62　上海交响乐团音乐厅周边环境

（2）物质技术性

建筑是一种人工构筑物，首先，在构筑过程中，由砖、石、钢筋混凝土等建筑材料进行建造，这些元素构成了建筑的基本物质性；其次，建筑的占地面积、建筑空间的尺度、建筑物的外在形态，都将以建筑成本或售价的方式来体现其价值。所以，建筑的物质性由实质的物质和非实质的设计理念共同构成。建筑的物质性通常体现在以下几个方面：

①适用

建筑的目的是利用其内部空间，适用的基础是空间形态和尺度满足使用要求。

②安全

建筑的安全性是保障建筑物能提供给人们稳定的使用空间，也是决定建筑物使用周期的重要因素。与建筑结构的安全度、建筑物的耐火等级、防火设计、建筑物的耐久年限等因素有关。

③美观

在适用、安全、经济的前提下，建筑物的美和环境的美是建筑设计的重要内容，如将雕塑艺术和建筑使用功能融为一体的云南弥勒东风韵建筑群（图 1－63）。

图 1－63　云南弥勒东风韵建筑群

④经济

经济主要指经济效益，它包括节约建筑造价、降低建筑能耗、缩短建筑周期、降低运行成本、维修和管理费用等。例如丹麦哥本哈根联合国城（图 1－64），建筑位于一座人工岛上，运用可持续建筑设计理念，采用的太阳能面板、海水冷却系统、节水、遮阳系统、反光屋面、绿化屋面等技术，整体上降低了维持建筑运行的年均能源消耗，成为丹麦最节能的建筑之一。

图1－64　丹麦哥本哈根联合国城

1.3.2　建筑的社会文化性

建筑文化是人类建筑活动的积累，是社会的历史和现实的外化。不同于其他文化类型，建筑文化有两个特点：其一，建筑既表达着自身文化（即建筑文化）；其二，又是容纳其他文化的物质载体，比较完整地映射出人类的文化发展史。

（1）民族性

建筑的民族性来源于社会因素，与人们的生活习俗、宗教信仰、社会经济和技术水平等因素相关。例如游牧民族发展出适应游牧生活的易于拆卸、移动、搭建的毡包；客家土楼则是强化族群聚族而居、共同抵御外敌的建筑；而北京的四合院，受封建宗法礼教和京城规整城市格局支配，南北纵轴线对称布局，方正地布置房屋和院落，有效御寒并营造安静的居住环境。

河北廊坊大厂回族自治县大厂民族宫，汲取当地穆斯林建筑文化精髓，以传统的清真寺为原型，通过新材料和先进的施工技术，以微妙的方式来演绎清真寺的空间结构，充分体现了建筑的民族性、文化性、时代性（图1－65）。

图1－65a　大厂民族宫立面

图1－65b　细　部

（2）地域性

建筑的地域性是建筑环境的综合体现，建筑所在地的地形、地貌、气候及当地所具备的建筑材料，会使建筑具有明显的地域特征。位于日本白川乡，以茅草覆盖的人字形木屋顶（“合掌造”）式的民宅，可以避免冬日的大雪重压，这种独特的建筑群落是建筑和自然共生的典范（图1-66）。江西婺源山居村落篁岭，民居呈扇形阶梯状错落布置，梯云村落，晒秋人家，形成了世界上独一无二的农俗“晒秋”景观（图1-67）。矗立在红色岩石上的美国亚利桑那州塞多纳圣十字教堂，与周围环境有机地融合为一体，是宗教、艺术与环境的完美结合（图1-68）。

图1-66　日本“和掌造”

图1-67　“晒秋”

a. 入　口

b. 外观 1

c. 外观 2

图 1－68　美国亚利桑那州塞多纳圣十字教堂

（3）历史性

随着建筑物使用时间的增加，与社会经济、技术、文化诸方面产生关联性，从而成为一种具有时间属性的文化载体，反映出历史进程中社会各方面的发展和变化。上海豫园和现代高层建筑（图1－69），里弄建筑与东方明珠塔见证着城市发展的历史（图1－70）。上海龙美术馆西岸馆，“伞拱”悬挑结构所产生的力量感和轻盈感，使整个建筑与场地中的煤料斗卸载桥（建于20世纪50年代）之间产生出一种时间与空间的接续关系（图1－71）。

图1－69

图1－70

图1－71　龙美术馆西岸馆

（4）艺术性

建筑艺术是人类艺术中重要的一支，与其他艺术之间的最根本的差异在于建筑具有实用性。建筑艺术的设计手法通常是通过形体、材料、色彩、技术、文脉及细部比例推敲等方面实现。

形体

德国汉堡易北爱乐音乐厅，建筑师将新建音乐厅和港口原有仓库有机结合，音乐厅底部原本用作储存可可的红砖仓库，与顶部的玻璃结构形成鲜明的对比。波浪起伏的屋顶，让整个音乐厅仿若一艘晶莹剔透的远洋轮船，静静地停泊在港口。建筑新颖奇特的轮廓线条，与城市平坦的天际线相映成趣，成为当地全新的文化地标（图 1－72）。法国白马酒庄，融合了现代主义建筑追求简洁大方的理念，波浪型的混凝土穹顶如同酒杯中的摇曳美酒，较好地契合了设计主题（图 1－73）。

a. 德国汉堡易北爱乐音乐厅屋顶

b. 外　观

c. 鸟　瞰

图 1－72　德国汉堡易北爱乐音乐厅

图 1－73　法国白马酒庄

材料

石块：加利福尼亚纳帕山谷的多米努斯酒庄，三个葡萄酒酿制和储藏的空间有着不同的光线和室温要求，外墙采用石笼的构造方式，以创造出“呼吸”的墙体，犹如一层自然光和空气的“过滤器”（图 1－74）。

a. 酒庄外墙

b. 细部构造

图 1－74　多米努斯酒庄

搪瓷钢板：瑞士苏黎世海迪·韦伯博物馆（图 1－75），柯布西耶用模块化的钢架立方体进行建筑主体量设计，采用镀搪瓷钢板作为立面材料，镀了搪瓷的钢铁兼备了金属的强度和瓷釉华丽的外表，耐腐蚀性能好，装饰性强，产生出了良好的视觉效果。

图 1－75　瑞士苏黎世海迪韦伯博物馆

玻璃：洛杉矶水晶教堂，透明玻璃墙体和屋顶围合而成的开敞明亮空间，有别于传统宗教建筑幽深神秘的室内氛围（图 1－76）。

a. **教堂外观**

b. **教堂室内**

图 1－76　洛杉矶水晶教堂

铝盘：英国伯明翰塞尔福里奇百货公司（图 1－77），建筑外表覆盖着成千上万个铝盘，形成了令人难忘的、极具特色的建筑效果。

图1－77 英国伯明翰塞尔福里奇百货公司

瓦：江苏省昆山市锦溪镇的子嫣客栈，利用青瓦等江南水乡建筑风格的设计元素，使建筑既简约又体现出地域建筑文化特点（图1－78）。

图1－78 江苏昆山锦溪子嫣客栈

技术

西班牙建筑师圣地亚哥·卡拉特瓦特设计的瓦伦西亚特内里费礼堂，高60米、跨度近100米、一端悬挑的混凝土薄壳跃过整个建筑，犹如一条巨大的鳐鱼。该建筑壳体如果按照传统的施工方式将难以建造，经研究采用了一种特殊的模板系统——“自攀升”式模板，这种施工方式不用吊塔，而是通过提升装置直接将装有导轨的脚手架移至下一个浇筑位。施工技术的进步，是这个奇异绝美的建筑能顺利实现的技术保障（图1－79）。以色列特拉维夫高层住宅楼，通过多层砖拱结构叠加，将楼板与外墙融为一体，拱形结构的节奏布局与分层的露台，创造出独特的美感（图1－80）。

图1－79　西班牙特内里费礼堂

a

b

c

图1-80 特拉维夫高层住宅

荷兰阿姆斯特丹老人集合住宅WoZoCo，采用不同颜色的玻璃栏板，增加了建筑的可识别性（图1－81）。荷兰格罗宁根研究实验室，构成建筑外表皮铝板向外弯曲成弓形，并涂上明亮的色彩，使得严肃建筑外观富有生气（图1－82）。丹麦奥胡斯艺术博物馆顶楼的彩虹城市全景屋顶，体现了丹麦梦幻童话的一面（图1－83）。

a

b

c

图1－81　荷兰阿姆斯特丹老人集合住宅

a

b

图 1－82　荷兰格罗宁根研究实验室外观

图 1－83　丹麦奥胡斯艺术博物馆

文脉

20 世纪 60 年代，随着后现代建筑的出现，有关建筑的文脉问题被正式提出，后现代建筑注意到现代主义建筑过分强调对象本身，而不注意对象彼此之间的关联和脉络，缺乏对城市文脉的理解。因此，后现代建筑试图恢复原有城市的秩序和精神，从传统化、地方化、民间化的内容和形式（文脉）中找到建筑的“立足点”，将历史的片段、传统的语汇运用于建筑创作中。

贝聿铭设计的苏州博物馆，借鉴中国传统园林建筑的“粉墙黛瓦”特点，用色彩更为均匀的深灰色石材做屋面和墙体装饰，塑造了一个兼具苏州传统园林建筑特色和现代几何造型特点的建筑，设计细节上体现了建筑场所的人文内涵（图 1－84）。位于芬兰塞伊奈约基市民中心的市立图书馆新馆（2012 年建成），三个雕塑状的建筑体量与市民中心的尺度相协调，并且在每一个角度呈现出不同造型。（图 1－85）

图1－84 苏州博物馆

a. 鸟 瞰

b. 入 口

图1－85 芬兰塞伊奈约基市立图书馆新馆

本章小结

建筑在生活中无处不在，作为一种人造的空间环境，这种空间环境既要满足人们一定的使用功能，又要满足人们一定的精神需要，它需要一定的物质技术手段来实现，还要具备一定的文化艺术性。建筑学所包括的内容、建筑业的任务以及建筑师的职责总是随着时代的发展而不断拓展、不断变化的，在综合各种因素前提下的创意是建筑学的核心观念。

第2章 建筑样式

现代建筑之前的古代建筑体系，包括影响广泛的欧洲建筑、伊斯兰建筑及东亚建筑，此外还有古代西亚（两河流域）建筑、古代印度建筑、古代美洲建筑等。地中海沿岸的古希腊建筑被认为是欧洲建筑的摇篮，以“柱式”为核心的建筑规范在神庙和圣地建筑群中得到集中体现，古罗马建筑继承和发展了古希腊建筑的风格和样式，在建筑结构、建筑空间、型制等方面确立了欧洲中世纪建筑样式，直至文艺复兴时期达到鼎盛阶段。两河流域建筑以黏土为主要材料，装饰风格以“马赛克”拼贴为特征，古代印度建筑主要是婆罗门教与佛教建筑，古代东亚建筑以中国传统木构建筑为代表，影响了日本和韩国建筑。

2.1 建筑柱式

古埃及、古希腊、古代中国等国都有各自的建筑柱式（图2－1、2－2、2－3），在地中海沿岸，柱头样式、柱身尺度、比例等类型众多，古希腊时期逐渐固化成多立克、爱奥尼、科林斯三种，古罗马在继承古希腊建筑柱式的基础上，发展出古罗马的多立克、塔司干、爱奥尼、科林斯、组合柱式五种柱式，这八种影响深远的柱式被称为欧洲“古典柱式”。

图 2－1　古埃及柱式

图 2－2　古埃及古罗马柱式

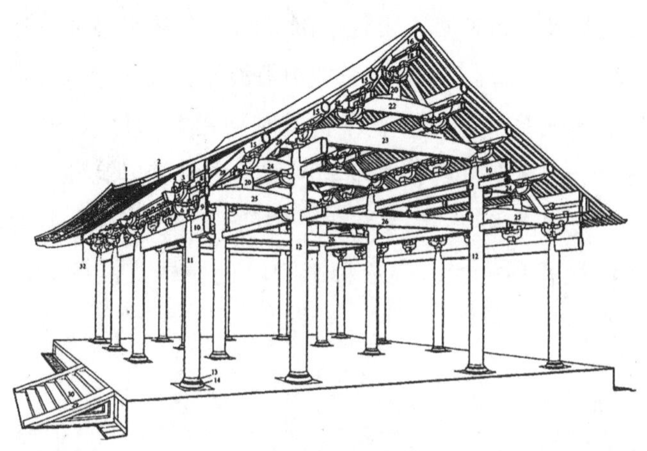

图 2－3　中国木构柱式

2.2 古埃及建筑

公元前3000年左右，北非尼罗河流域建立了古埃及王国，金字塔、陵墓、神庙建筑集中展现了这一时期的建筑空间、结构、装饰等成就。古埃及人迷信人死之后灵魂不灭，因而建造陵墓保存遗体。在世界各地，住宅是最早出现的建筑类型，古埃及金字塔形式也源于贵族住宅。古王国时期，早期的梯台形陵墓被称为“玛斯塔巴”，后来逐渐演变成多层金字塔，直至演变成四棱锥形金字塔的形式（图2－4）。

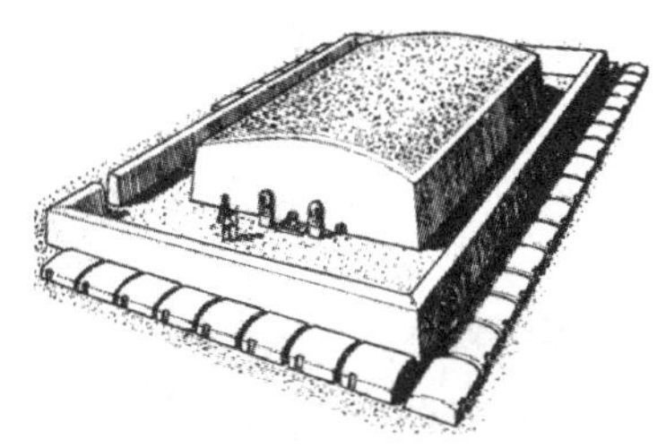

a. 贵族墓

b. 昭赛尔金字塔

c. 吉萨金字塔群

图2－4 古埃及金字塔演变图

中王国、新王国时期的陵墓大多建在山区，陵墓建筑与山地景观相结合，增加了陵墓建筑空间层次的纵深序列，尤其是其前导空间，如神道、平台、内院等多层次空间营造（图 2－5）。底比斯的卡纳克阿蒙神庙（始建于公元前 16 世纪）（图 2－6）是新王国时期规模最大和最重要的神庙，“阿蒙”神庙是太阳崇拜的建筑物，神庙由神道、牌楼门、多重院落以及宏伟的大殿组成，大殿内部净宽 103 米，进深 52 米，134 根柱，中间两排圆柱直径 3.57 米，高 21 米，柱子上部架设的石梁跨度达 9.21 米，重达 65 吨，规模非常庞大。阿布辛波神庙（公元前 1301 年）（图 2－7）是开凿于山体的神庙，外部雕刻 4 座高 20 米的拉美西斯二世的坐像，通过坐像之间的小门进入神庙内部，由多重厅堂组成，越深入顶棚越低，神庙的神秘气氛越浓郁。

图 2－5　哈特什普苏女王墓

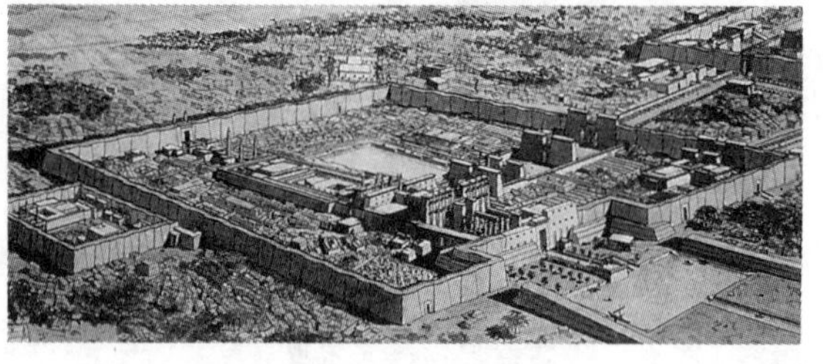

图 2－6　卡纳克神庙

a. 阿布辛波神庙外观

b. 阿布辛波神庙室内

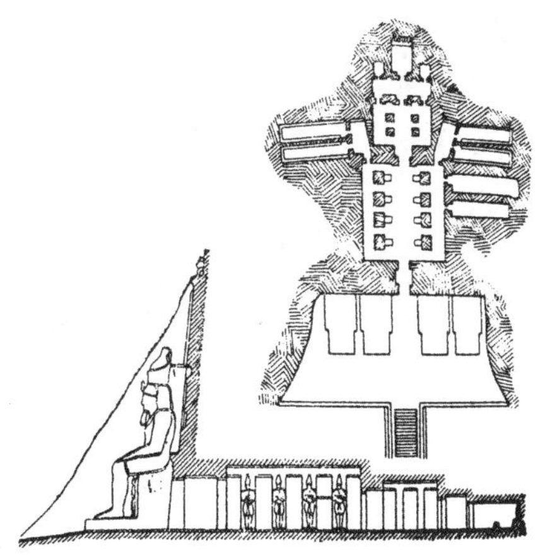

c. 阿布辛波平面、剖面

图2－7　阿布辛波神庙

2.3 古代西亚建筑

底格里斯河和幼发拉底河下游的美索不达米亚平原是古代西亚文明的发源地之一，巴比伦王国时期是两河流域文化最辉煌的阶段，当地主要建筑材料是黏土，采用泥坯砖建造房屋，为防止雨水侵蚀建筑，在建筑下部采用小尺寸琉璃面砖镶贴，形成了独特的“马赛克”装饰风格（图2－8），这种华丽、世俗的装饰风格影响了后来的伊斯兰建筑。山岳台是古代西亚人崇拜山体的建筑，在多层梯台形高台上修建神庙，各层之间用台阶联系。建于公元前2000年左右的乌尔山岳台（图2－9）高四层，底层基座长65米，宽45米，高9.75米，第一层黑色代表地下世界，第二层红色代表人间，第三层青色代表天堂，第四层白色象征明月，顶层之上建有月亮神庙。（本书未显示出色彩）

图2－8　古代西亚饰面

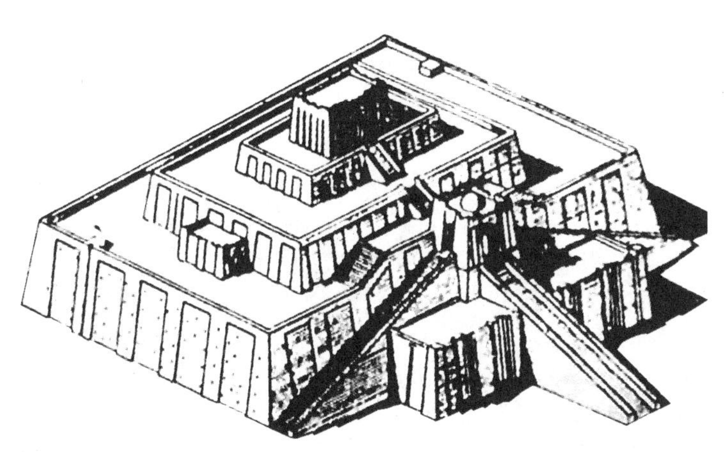

图2－9 乌尔山岳台

建于公元前6世纪的新巴比伦城位于巴格达以南90公里处。巴比伦意为“神之门”，城市平面近似方形，边长1300米，横跨幼发拉底河两岸，城内道路互相垂直，城外有护城河，南北向的大道串联着宫殿、庙宇、城门。城内有座多层的高台花园，周长500多米，采用立体造园方法，种植了许多来自异域的奇花异草，并设有灌溉的水源和水管，给人感觉像是悬挂在空中，因此被称为“空中花园”(图2－10)。

建于约公元前7世纪左右的萨艮王宫（图2－11），宫殿由30多个内院组成，功能分区明确。帕赛玻里斯（图2－12）是波斯王大流士的宫殿，建在高15米的大平台上，入口是壮阔的石砌大台阶，中央为接待厅和百柱殿，南部为宫殿和内宫，周围是绿化和凉亭，布局整齐美观。

a. 城门入口

b. 空中花园

图2－10　古巴比伦城

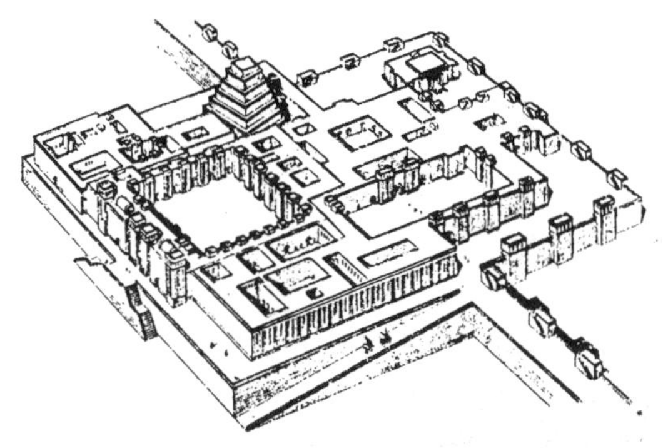

图 2-11 萨艮王宫

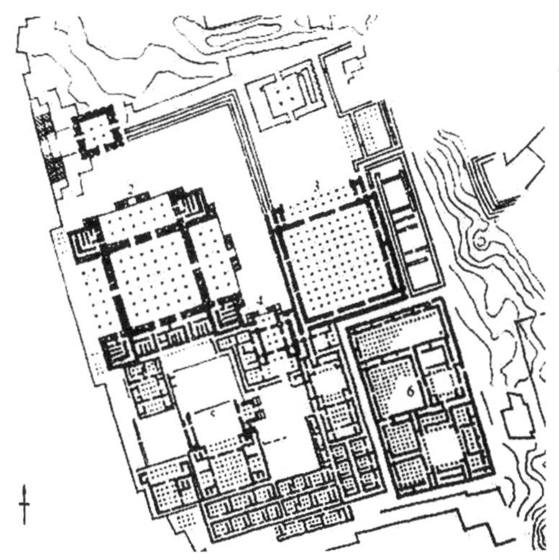

a. 平面图

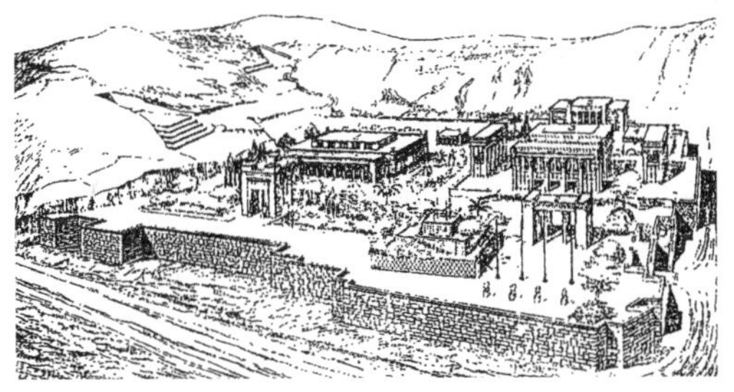

b. 外 观

图 2-12 帕塞波利斯王宫

2.4 古希腊和古罗马建筑

2.4.1 古希腊建筑

古代希腊的地理范围包括希腊半岛、爱琴海诸岛、小亚细亚沿海、地中海沿岸以及黑海沿岸的一些地方。地形为丘陵，多山，气候温暖湿润。古希腊文明是欧洲文明的摇篮，它所创立的许多制度和文化要素，影响了欧洲一千多年，古希腊及其继承者古罗马时期被认为是欧洲古典文明的时期。由于气候和文化制度的原因，古希腊建筑风格为开放式的型制，采用开敞柱廊、院落，风格大气和谐，人性化意味浓郁。

爱琴文化以克里特岛和迈西尼地区为代表，约在公元前20世纪中叶，克里特岛的城邦文化已经十分发达，克诺索斯王宫（始建于公元前1600年—前1500年）（图2－13）的宫殿地势高差较大，建筑布局高低错落，以一个大院子为中心，周围有许多开敞的柱廊围院组合而成，层次错落有致。

古风时期的古希腊建筑以圣地建筑群和神庙为主，希腊中部德尔斐地区多山，因为它是传说中太阳神阿波罗发布神谕的地方，因而该地区成为希腊圣地之一，阿波罗圣地建筑群（公元前5世纪）（图2－14）以神庙为中心，包括了收藏珍贵祭品的宝库、剧场、运动场，其中圆形神庙由高10余米、直径达1.6米的多立克石柱支撑，建筑外形雄壮。在公元前6世纪左右，建筑石柱体系规范定型化，形成了多立克、爱奥尼和科林斯柱式（图2－15，2－16），柱式是指石柱构成规范，包括柱身、檐部和谐比例和以人为尺度的造型格式，多立克柱式比例粗壮，象征男性，爱奥尼柱式纤细秀美，象征女性。

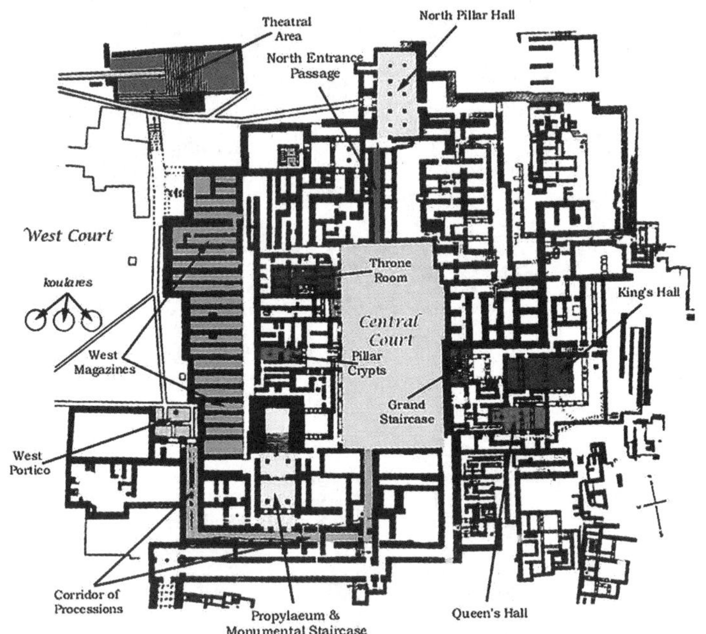

a. 平面图

b. 遗　迹

图2－13　克诺索斯王宫

图 2－14　古希腊德尔菲阿波罗圣地

图 2－15　古希腊柱式

图 2－16　古希腊柱头样式

古典时期的建筑代表主要是纪念性建筑，如神庙和大量的公共活动场所：如露天剧场、竞技场、广场、敞廊等，建筑风格庄严宁静、匀称优美、典雅精致、富于诗意。神庙建筑则是这些风格特点的集中体现者，也是古希腊，乃至整个欧洲最伟大、最辉煌、影响最深远的建筑，古希腊信奉多神教，神灵像人一样有尊卑、专长、个性、情感，各城市、家族甚至个人均有自己的守护神，故神庙林立，此外还有祭祀帝王、祖先及英雄的庙宇。神庙（图2－17）被认为是神灵的居所，以内部的正殿为主体，殿内立有该神的雕像。

图2－17　古希腊神庙

公元前5世纪，以雅典为代表的希腊城邦经济与文化达到了辉煌的顶峰，进行了大量的建造活动，最著名的是雅典卫城（图2－18），位于一座小山之上，东西长280米，南北宽130米，沿着祭神流线，布置了山门、守护神雅典娜雕像、帕提农神庙（图2－18a）和以女像柱廊闻名的伊瑞克先神庙（图2－18d），建筑比例和谐优美，雕刻（图2－18c）精美。卫城的整体布局考虑了祭典序列和人们对建筑空间的艺术感受特点，建筑因山就势，主次分明，高低错落，无论是身处其间或是从城下仰望，都可看到较为完整的艺术形象。各个建筑则考虑到了相互之间在柱式、大小、体量等方面的对比和变化，加上巧妙地利用了不规则的地形，使得每一景观都各有其一定角度的最佳视觉效果。

在希腊化时期，古希腊文化传播到北非和西亚，东西方文化交流促进了科学技术的进步，公共建筑类型增多，有会堂、剧场、市场、浴室、旅馆、码头、俱乐部、图书馆、灯塔等，最主要的建筑成就是剧场和露天会场。随着结构和施工技术的进步，叠柱式（解决大体量建筑形体和柱式体量的矛盾）和壁柱在建筑中得到了广泛使用。半圆形露天的埃普道鲁斯剧场（公元前 350 年）（图 2－19），坐落在一座山坡上，能容纳 1.5 万余名观众。中心舞台直径 20.4 米，34 排大理石座位根据地势依次升高，沿圆弧方向和直径方向设置通道，并考虑了声学和视线设计。古希腊的城市公共空间由市场、神庙、图书馆等公共建筑围合组成，是城市经济文化的核心，建筑采用敞廊柱式统一不同功能的建筑的外观，达到到统一的效果（图 2－20）。

a. 帕提农神庙

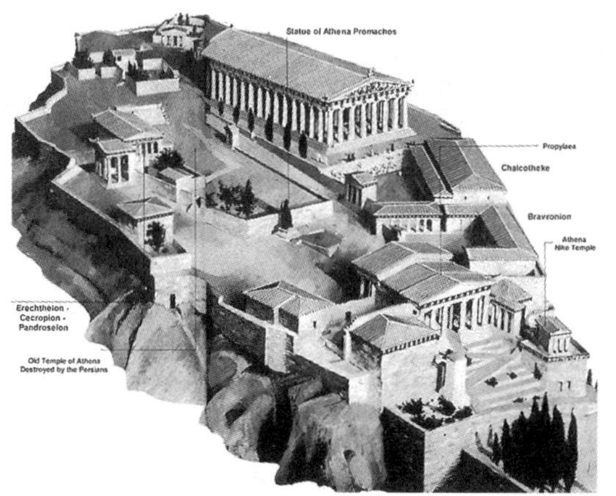

b. 卫城复原图

c. 雕　刻

d　人像柱

图2－18　雅典卫城

图 2－19　露天剧场

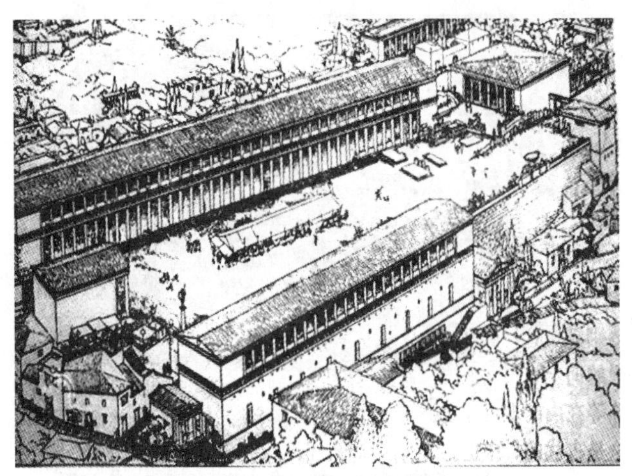

图 2－20　敞廊围合广场

2.4.2　古罗马建筑

公元前 3 世纪，罗马统一了全意大利，建立了强大的帝国，1—3 世纪是帝国最强大的时期，也是建筑最繁荣的时期，由于统一了地中海沿岸最先进、富饶的地区，处于奴隶制最繁盛时期的古罗马世俗建筑类型多、建筑型制成熟，其建筑受到伊特鲁里亚文化（拱券技术）和希腊文化（柱式）的综合影响。

古罗马建筑按其历史发展可分为三个时期：伊特鲁里亚时期（公元前8—前2世纪），主要在石工、陶瓷构件、拱券结构（图2－21）方面有突出成就，罗马共和国初期的建筑就是在此基础上发展起来的。罗马共和国盛期（公元前2世纪—前30年），在统一半岛的战争中集聚了大量的财富、劳动力、自然资源，执政者在公路、桥梁、城市街道、输水道（图2－22）等方面进行了大量的建设。罗马帝国时期（公元前30年—476年），歌颂权利、炫耀财富、表彰功绩成为建筑的主要功能，如：凯旋门、纪功柱、帝国广场等（图2－23）。

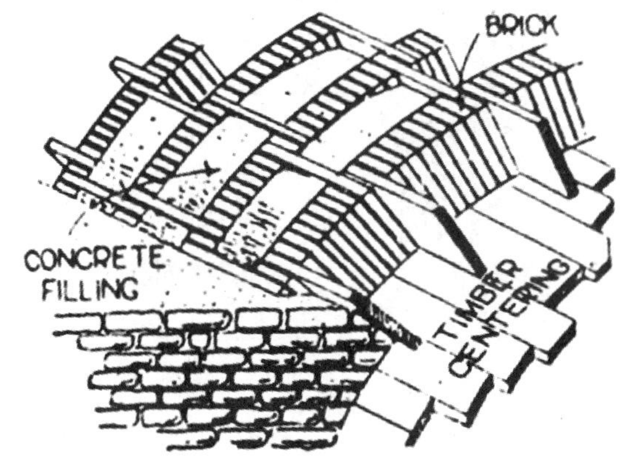

a. 混凝土浇筑

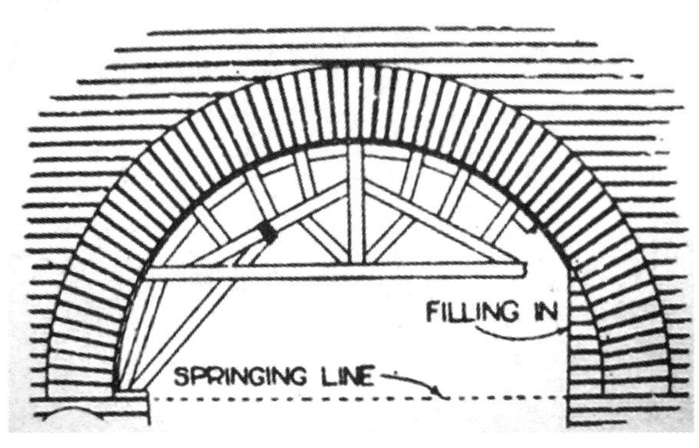

b. 拱券施工

图2－21　拱券结构施工

图 2－22　输水道

a. 凯旋门

b. 帝国广场

图 2－23　古罗马帝国时期建筑

古罗马世俗建筑型制多样，在空间创造方面重视空间层次、形体的组合，使之达到宏伟和富于纪念意义的效果；建筑结构上发展了梁柱与拱券结合的体系，在建筑材料上使用以火山灰为原料的天然混凝土，具有较好的塑形特点，便于建筑空间的营造，在柱式方面发展了古罗马的古典五柱式；建筑理论方面，维特鲁威所著的《建筑十书》奠定了欧洲建筑学科的基本体系，该书系统总结了古希腊、古罗马建筑的实践经验，相当全面地建立了城市规划和建筑设计的基本原理，是对古罗马建筑特点及其艺术风格的理论总结。

古罗马的世俗建筑成就达到了奴隶制时期的顶峰，为"人"服务的建筑反映了市民的生活方式，如剧场、大角斗场、浴场、市场、住宅、输水道等建筑与设施，建筑型制成熟、完善。大角斗场（70—82 年）（图 2 – 24）是观演建筑类型，长径 189 米，短径 156.4 米，表演区位于中部，周围采用筒形拱、交叉拱等构件逐级抬高观众区，获得了较好的观赏视线。古罗马人喜好洗浴文化，公共浴场更是集洗浴、社交、锻炼、游戏等活动于一体的社交场所，配套设施非常完备，设置了图书馆、博物馆等。卡拉卡拉浴场（211—217 年）（图 2 – 25）中央是浴场，周围是花园，最外圈设置商店、运动场、演讲厅、蓄水池，是古罗马建筑中功能、空间、建筑技术最为复杂的建筑。

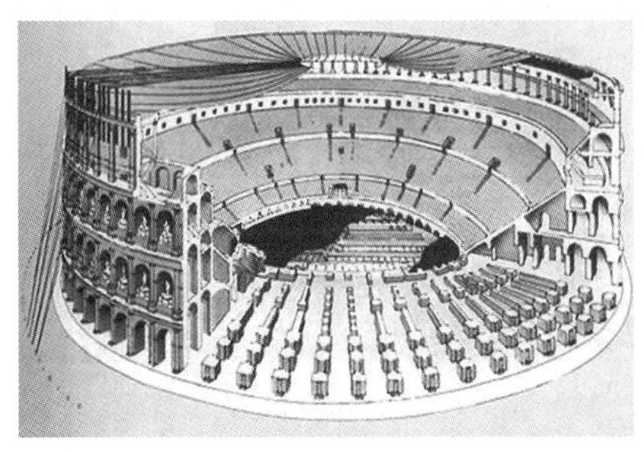

图 2 – 24　大角斗场

a. 内　景

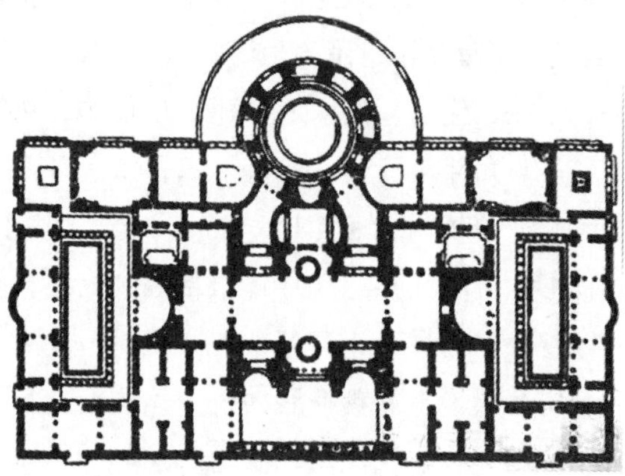

b. 平面图

c. 遗　迹

图 2－25　卡拉卡拉浴场

古罗马的神庙建筑以万神庙（120—124 年）（图 2 - 26）为代表，形式上集罗马穹顶和希腊山花门廊为一体，神庙外部造型简洁、内部华丽，正殿上部是直径 43 米的球形穹顶，穹顶至地面的距离也是 43 米，整座建筑显得稳定、庄严，顶部有一个直径 8. 23 米的采光圆孔，营造出神秘的宗教氛围，堪称古罗马建筑的精品。

a. **内 景**

b. **外 观**

图 2 - 26 万神庙

2. 5 中世纪建筑

中世纪建筑是指自古西罗马帝国灭亡直至文艺复兴到来之前的建筑，历时 1000 余年，该时期两大历史特点对建筑艺术产生了决定性的影响，一是罗马帝国分裂为东、西罗马帝国，后来西罗马帝国又分裂为多个国家，这种状态导致东、西欧在政治、文化上的差异越来越大，其建筑风格也各树一帜；二是基督教支配地位造成基督教建筑成为欧洲中世纪的主体建筑。

拜占庭原是古希腊的一个城堡，公元 4 世纪，显赫一时的罗马帝国分裂为东西两个国家，西罗马的首都仍在当时的罗马，而东罗马则迁至拜占庭，被称为拜占庭帝国，拜占庭建筑就是诞生于这一时期的建筑，它是在继承古罗马建筑文化的基础上发展起来的，又汲取了波斯、两河流域、叙利亚等东方文化形成的建筑风格，对后来的俄罗斯的教堂建筑、伊斯兰教的清真寺建筑都产生了影响。拜占庭建筑创造了把穹顶支承在独立方柱上的结构方法，即帆拱（图2－27），以及与之相应的“集中式”建筑形制，体量既高且大的圆穹顶，往往成为整座建筑的构图中心，围绕这一中心穹顶，周围又常常有序地设置一些与之协调的小部件。位于现在土耳其伊斯坦布尔的圣索菲亚大教堂（532年）（图2－28）就是拜占庭建筑的代表，从外部造型看，它是一个典型的以穹顶大厅为中心的“集中式”建筑，平面是一个巨大的长方形，结构上采用帆拱体系，中央大穹顶的侧推力由左右两个半穹顶平衡，两个半穹顶的侧推力又传至周边若干小穹顶，结构受力体系既复杂，又条理分明。内部大小空间嵌套，层次丰富，主体突出，通过排列于大圆穹顶下部的一圈窗洞，将自然光线引入教堂，使整个空间变得飘忽、轻盈而又神奇，增加了宗教气氛，缤纷的色彩交相辉映，表达了神圣、高贵、富有的意境，成为中世纪最璀璨夺目的建筑。拜占庭建筑在后期影响了巴尔干半岛和俄罗斯建筑（图2－29），产生了极具地域特色的建筑类型。

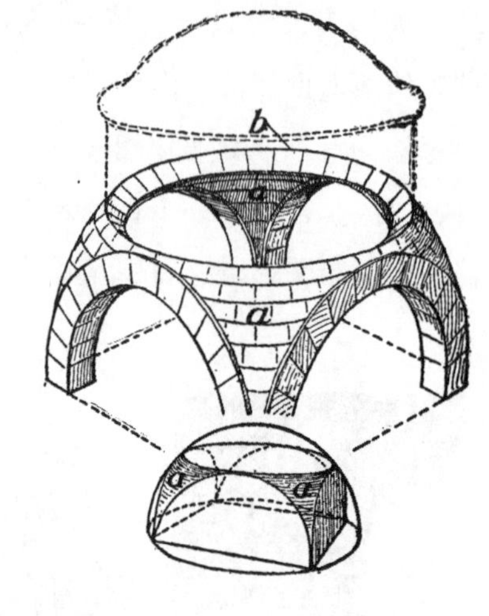

图2－27　帆拱示意图

a. 内　景

b. 外　观

图 2 – 28　圣索菲亚大教堂

图 2－29　华西里教堂

5—10 世纪，西欧中世纪基督教堂是由古罗马的综合性大厅建筑——“巴西利卡”演变而来，教堂为东西朝向，西端为主入口，东端为圣坛，后来由于宗教仪式的需要，逐渐在圣坛前部增加了南北向的回廊空间，教堂平面形似十字架，故而被称为“拉丁十字式巴西利卡”（图 2－30）。

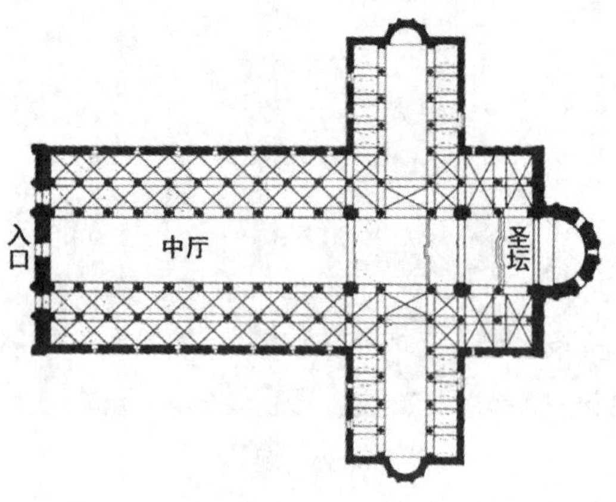

图 2－30　拉丁十字巴西利卡

9—12 世纪，欧洲建筑规模远不及古罗马建筑，设计施工较为粗糙，但建筑材料大多来自古罗马废墟，继承了古罗马的半圆形拱券结构，形式上又略有古罗马的风格，故称之为“罗马风”建筑，它所创造的扶壁、肋架拱、束柱（图 2 – 31）在结构上和形式上对后来的哥特建筑影响很大。

图 2 – 31　哥特建筑飞扶壁、骨架券

12—15 世纪，欧洲哥特建筑的类型以教堂为主，但反映城市经济特点的城市广场、市政厅、手工业行会、商人工会、关税局等建筑和市民住宅也有很大发展。哥特建筑的结构以二圆心尖券、尖拱、坡度很大的两坡屋顶和教堂中的钟楼、飞扶壁、束柱为其特点，比罗马式半圆形拱顶结构受力更稳固，所以哥特教堂的内部空间更高旷、轻巧；

建筑外观和建筑内部都追求一种轻盈、飞升的强烈动感，形体向上的动势十分强烈，轻灵的垂直线直贯全身；墙身开窗面积加大，玫瑰窗（象征天堂）（图2－32）等彩色玻璃窗装饰华丽。巴黎圣母院（1163—1250年）（图2－33）是法国哥特建筑的代表，典型的“三段式”（横三断、纵三段）立面构图。“哥特”原是参加覆灭古罗马的日耳曼“蛮族”之一，15世纪的文艺复兴运动反对代表封建神权的建筑文化，提倡复兴古罗马文化，就把这一时期的建筑风格称为“哥特”建筑，以示对它的否定。

图2－32 玫瑰窗

图2－33　巴黎圣母院

意大利哥特建筑并不十分强调高度和垂直向上感，也没有很高的钟塔，飞扶壁很少见。雕刻和装饰有明显的罗马古典风格。其中米兰主教堂（1385—1485 年）（图 2－34）是意大利规模最大、最重要的哥特式教堂，融合了罗马风和哥特建筑风格。德国的哥特建筑很早就有自己的形制和特点，中厅和侧廊高度相同，无高侧窗，往往在拱顶上面再加一个陡坡屋顶利于排除屋面积雪。乌尔姆主教堂（始建于 1392 年）（图 2－35）塔高 162 米，是世界上最高的教堂尖塔，尖塔处于整个立面的中心地位，教堂气势雄壮，登上塔顶可以眺望阿尔卑斯山。

图 2 – 34　米兰主教堂

图 2 – 35　乌尔姆主教堂

中世纪城堡是封建领主、贵族在自己的领地上的家，早期城堡很简陋，建筑材料为木材，后期采用石材，使城堡成为坚固的塔楼。卡尔卡松城（13 世纪）（图 2－36）是法国南部著名的中世纪的城堡，修建了 1500 米长的外墙、内墙，城内建筑主要有城堡、教堂、住宅等建筑，城堡布局极具特色。

图 2－36　卡尔卡松城

2.6　文艺复兴、巴洛克与法国古典主义建筑

随着欧洲资本主义萌芽和自然科学重大进步，思想领域产生了反封建、反宗教神学运动，借助古典文化反对封建文化，从“人文主义”出发，主张个性解放，宣扬人的现世幸福高于一切，反映资产阶级的利益，反对中世纪的禁欲主义和宗教神学的统治。文艺复兴运动中，包括绘画、雕刻、文学、音乐、戏剧在内的整个欧洲文学艺术都发生了巨大的变革，建筑界的文艺复兴运动则提倡以人为中心的世界观，提倡复兴古罗马的建筑风格，以取代象征封建神学的哥特建筑风格。

文艺复兴时期建造的大量“世俗建筑”，如府邸园林、城市广场、园林建筑等，建筑数量和类型都较丰富，这一时期不论世俗建筑还是宗教建筑，均表现出对古代经典建筑艺术的回归，古典柱式成为建筑造型的主题，采用半圆形拱券、穹顶来对抗哥特建筑的尖顶、尖券造型，大量应用新技术、新工艺，如骨架券、双层穹顶外壳等。建筑师们灵活变通、大胆创新，把古典柱式同各地建筑风格巧妙的融合在一起。此外，这一时期建筑理论也比较丰富，有《论建筑》《建筑四书》等著作问世。

意大利是文艺复兴的起源和中心，佛罗伦萨主教堂（图 2 - 37a）是最具代表性的文艺复兴建筑，建于 13 世纪初，穹顶完成于 1470 年，设计师是伯鲁乃列斯基，建筑平面为拉丁十字式，结构上采用 12 米高的鼓座、双圆心穹顶，内外两层，内层用铁环和木圈箍成骨架券结构，通过减轻结构的自重，利于承重体系安全，外层为遮挡风雨的维护构件（图 2 - 37b）。建筑外观完全暴露穹顶，突破了传统封建教会哥特建筑的风格限制，是一个在风格、技术、艺术上有极大突破的建筑，产生了极大的影响力，被称为“文艺复兴运动的报春花”，此后在欧洲各个国家相继修建了大量具有文艺复兴风格的建筑。

文艺复兴时期的建筑类型的发展也较为完善，伯拉孟特是文艺复兴时期最有影响力的建筑师之一，罗马的坦比哀多（1502—1510 年，意为“小神庙”）（图 2 - 38）是其代表作，外形上模仿古罗马的神庙，造型比例和谐，风格典雅，被公认是文艺复兴盛期的典范之作，成为一种建筑范式，对后期的建筑产生了极大的影响。

a. 外 观

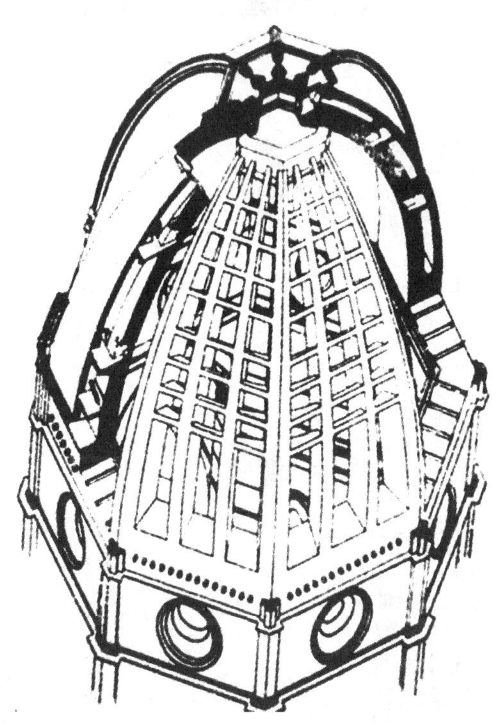

b. 穹顶构造

图2-37 佛罗伦萨主教堂

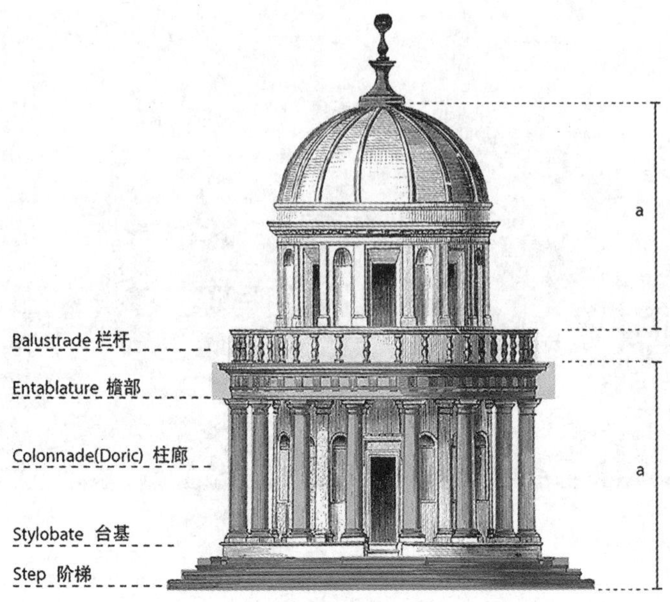

图 2－38　坦比哀多

1552 年建于维琴察的圆厅别墅（1552 年）（图 2－39），是文艺复兴晚期府邸的典型建筑，为建筑大师帕拉第奥的代表作之一。别墅采用了古典的严谨对称手法，平面为正方形，四面都有门廊，正中是一圆形大厅，其对称构图、形象上主宰四方的感觉吸引了大量的追随者。

图 2－39　圆厅别墅

文艺复兴时期城市公共空间也较为丰富，出现了大量尺度和功能多样化的城市广场，反映出该时期市民生活的多样化。罗马建筑师封丹纳设计的波波罗广场（17 世纪）（图 2－40）是交通广场的代表，位于三条放射形干道的汇合点，中央有一座方尖碑，周围设有雕像；在三条放射形道路之间建有两座样式相同的教堂，形成条条大道通罗马的错觉，这种强调中心对称的构图方式对后来法国古典主义的建筑布局、城市规划产生了深远的影响。

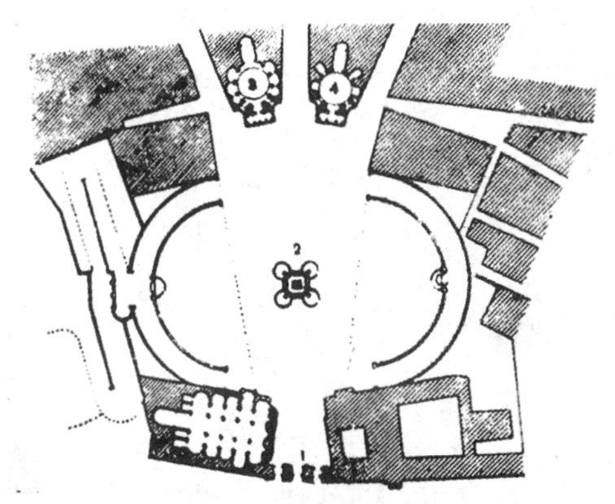

a. 总平面图

b. 外　观

图 2－40　波波罗广场

威尼斯圣马可广场（图 2－41）则是城市中心广场的代

表，被誉为“欧洲最漂亮的客厅”，由三个广场、钟塔、教堂、图书馆、总督府等建筑构成。广场入口面向海面，视线开阔，大广场开阔、明媚，高耸的钟塔成为视觉的中心，小广场空间略微收缩，以南端的两个立柱划分广场南界限。广场建筑建于不同时期，风格各异，有拜占庭风格的圣马可教堂、哥特风格的钟塔和总督府、文艺复兴风格的市政厅和图书馆，各建筑均以拱券造型为母题，因而外观协调统一。

图 2－41　圣马可广场

位于梵蒂冈的圣彼得大教堂（图 2－42）是世界上最大的天主教堂。作为文艺复兴极具代表性的艺术家和设计师，伯拉孟特、米开朗琪罗和拉斐尔等人均先后参与教堂方案设计，原来设计方案的平面为希腊十字式，后改建为拉丁十字式，削弱了集中式构图和空间，17 世纪初，任工程主持的玛丹纳拆去了已经动工的米开朗基罗设计的正立面，在希腊十字式之前加了一段三跨的巴西利卡式大厅。穹顶十字架尖端高达 137. 8 米，是罗马全城的最高点，门廊高 51 米，装饰带有巴洛克意味，巴西利卡和巴洛克风格的出现标志着意大利文艺复兴建筑的结束。

a. 外 观

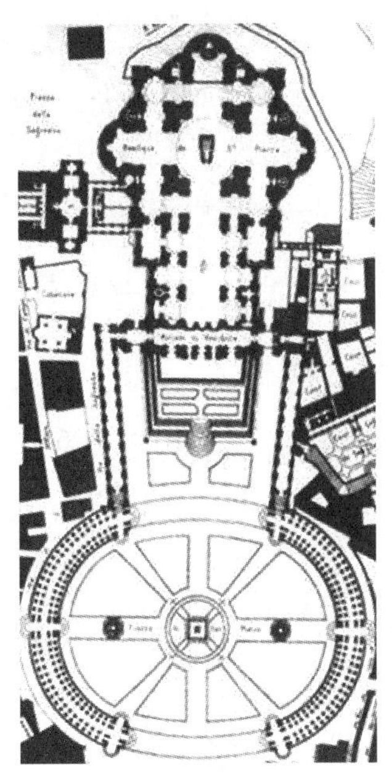

b. 平面图

图2-42 梵蒂冈圣彼得大教堂

在意大利文艺复兴盛期和晚期，意大利出现了以米开朗基罗为代表的手法主义，企图挣脱柱式教条而趋于新奇，后来发展成为“巴洛克”风格建筑，其特点是外形自由，喜好富丽的装饰和雕刻，强烈的色彩，常用穿插的曲面和椭圆形空间，善于利用透视、光影变化手法，多用变化的曲面，追求动感。巴洛克风格打破了对古罗马建筑理论家维特鲁威的盲目崇拜，反对僵化的古典形式，也冲破了文艺复兴晚期的种种清规戒律，反映了人们向往自由的世俗思想，在追求自由奔放的格调和表达世俗情趣等方面起了重要作用，一度在欧洲广泛流行。波洛米尼设计的罗马圣卡罗教堂（1638—1667 年）（图 2 - 43）是巴洛克风格小教堂的代表，平面近似橄榄形，周围有一些不规则的小祈祷室，殿堂平面与天花装饰强调曲线动态，立面山花断开，檐部水平弯曲，墙面凹凸度很大，装饰丰富，有强烈的光影效果。

图 2 - 43　圣卡罗教堂

贝尼尼设计的罗马特维莱喷泉（1762 年）（图 2 - 44）是巴洛克风格城市广场的代表，广场不再依附于某一建筑，而是与道路结合，成为道路网和城市空间序列的一部分，点缀有雕像、纪念柱、喷泉，成为城市的“客厅”，形式华丽。罗马西班牙大阶梯（1723—1725 年）（图 2 - 45）平面为“花瓶”形，布局时分时合，巧妙地把两个不同标高、轴线不一的广场联系起来，表现出灵活的设计手法。

图2－44 特维莱喷泉

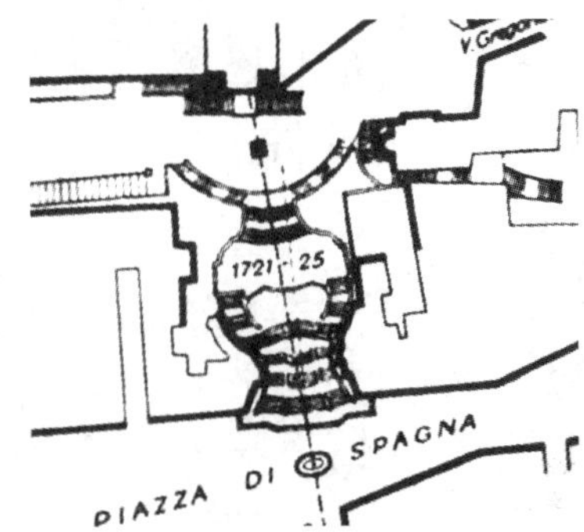

a. 总平面图

b. 外 观

图2－45 罗马西班牙大阶梯

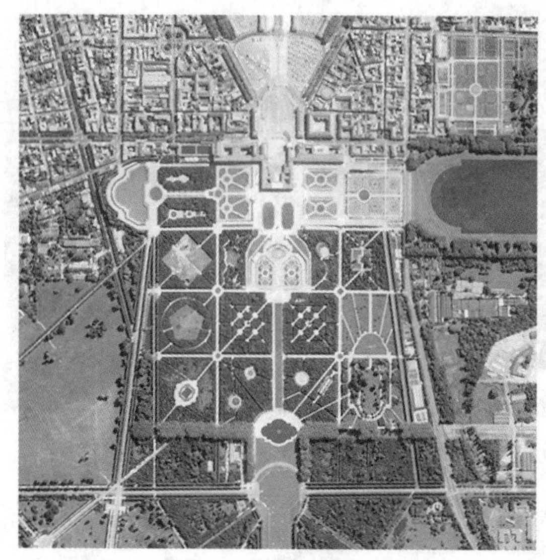

a. 总平面图

b. 鸟　瞰

图 2-46　凡尔赛宫

古典主义是 17 世纪流行于欧洲文学艺术领域的一种艺术思潮。法国古典主义美学的哲学基础是唯理论，法国古典主义理论家布隆代尔说“美产生于度量和比例”、“古典柱式给予其他一切以度量规则”，认为艺术需要有严格的像数学一样明确清晰的规则和规范。同时，17 世纪法国王权强大，宫廷建筑取代宗教建筑的地位，成为建筑类型的主体。古典主义者在建筑设计中以古典柱式为构图基础，讲究主从关系、突出轴线、强调对称、注重比例、造型严谨，古典主义建筑以法国为中心，向欧洲其他国家传播，在宫廷建筑、纪念性建筑和大型公共建筑中采用。代表性作品有凡尔赛宫（1661—1756年）（图2－46）、南锡市的市中心广场（1750—1755年）（图2－47）等。

a. 鸟 瞰

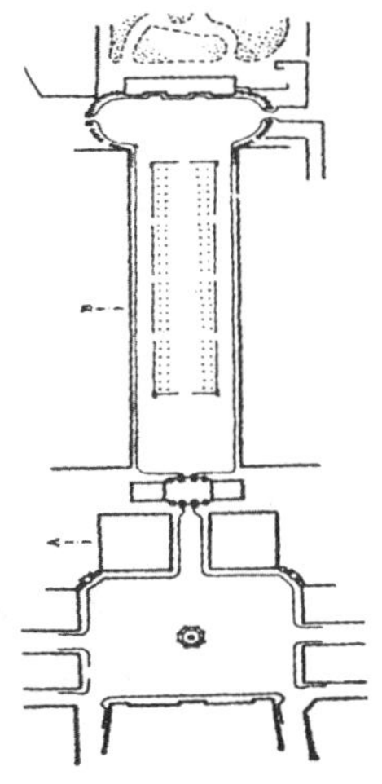

b. 总平面图

图2－47 法国南锡市政广场群

2.7 古代印度、伊斯兰世界及中美洲建筑

古代印度是一个高度文明的历史古国，在公元前3000年，印度河和恒河流域就有了非常发达的文明，出现了摩亨佐·达罗城（图2－48）等较早的城市文明和城市规划建设，该城位于今巴基斯坦南部，建于公元前2500年，城市总体规划非常科学，拥有了世界最先进的供水和排污系统，几乎每户人家都有沐浴平台、许多家庭还有厕所。大约在公元前1500年，一支雅利安游牧部落进入了恒河流域，为了维护统治阶级的地位，逐渐建立了种姓制度，将各色人分成严格的四个等级，位于最高等级的是祭祀，即“婆罗门”，通过主持对神的祭祀仪式获得至高无上的神圣权力，印度婆罗门教建筑是印度本土历史最为悠久的宗教建筑类型。

婆罗门教建筑用石材建造，采用梁柱和叠涩结构，其外形从台基到塔顶连成一个整体，墙体布满雕刻图案。建筑形式各地不同，北部的寺院体量不大，有一间神堂和一间门厅，都是方形平面，共同立于高台基上。康达立耶—玛哈迪瓦庙（约1000年）（图2－49）是北方最著名的印度教庙宇，庙塔高35.5米，塔顶比较尖，塔身上有层层叠叠的突起，造成了丛丛簇簇的垂直线。基座上有密密的水平线，横竖交错。中部地区寺庙的四周有一圈柱廊，内为僧舍或圣物库，院子中央宽大的台基正中是一间举行宗教仪式的柱厅，它的两侧和前方，对称地簇拥着3个或5个神堂。神堂平面为放射多角形。神堂上的塔不高，彼此独立，塔身轮廓为柔和的曲线，有几道尖棱直通宝顶。一圈出挑很大的檐口把几座独立的神堂和柱厅联为一体。平行的穹隆结构，优点是不产生横压力，可以用细长的支柱支撑穹顶，并便于在穹隆内的中心部位使用垂悬的饰物，穹隆饰物也呈向心的环

形；其次，附属的装饰雕刻重要性有时甚至会超过建筑本身，典型代表是卡撒瓦庙（1268年）（图2－50）。

a. 总平面

b. 遗 址

图2－48 摩亨佐·达罗城

图2－49 康达立耶—玛哈迪瓦庙

a. 入 口

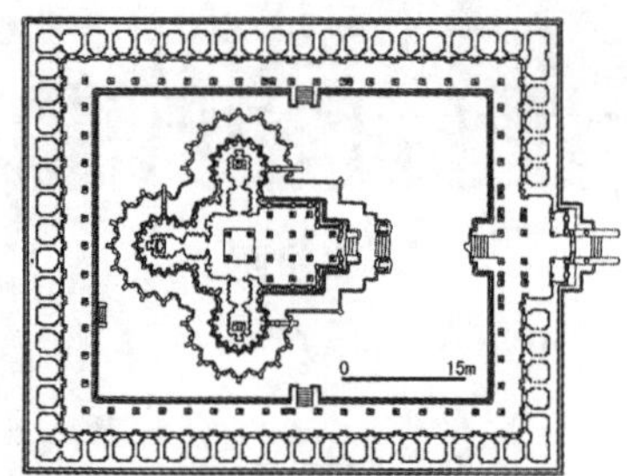

b. 平面图

c. 局 部

图2－50 卡撒瓦庙

公元前6世纪，佛教在印度确立并开始传播，提倡“众生平等”的仁爱思想，公元前3世纪阿育王笃信并推广佛教，使佛教建筑在印度快速发展起来，代表建筑是主要用于供奉和安置佛祖或圣僧的遗骨（舍利）、经文和法物的“窣堵波”，其中桑奇大塔——窣堵波（公元前2世纪）（图2－51）造型借鉴了古印度北方竹编抹泥的半球形房舍，中央是覆钵形的半球体坟冢，球体直径32米，高12.8米，立在直径36.6米、高4.3米的圆形台基上，造型单纯、浑朴，完整统一，具有明显的稳定感和重量感。

图2－51 桑奇大塔——窣堵波

10—13世纪，印度还建造了耆那教建筑，型制类似婆罗门教建筑，建筑形式开敞，十字形柱厅，叠涩八角或圆形藻井，雕刻华丽细致，如维玛拉·瓦萨利神庙（1032—1045年）（图2－52）。

自7世纪起，信奉伊斯兰教的阿拉伯人逐渐征服了西至西班牙，东至中亚的辽阔地域，形成了不同风格的伊斯兰建筑，其中最重要的地区当属中亚和印度地区。伊斯兰教建筑在中东地区兴起时，并无固定样式，在占领伊斯坦布尔之后受到拜占庭建筑的影响，将圣索菲亚大教堂改为清真寺，将突出中央大穹顶的集中式形制作为清真寺型制并模仿修建了苏丹艾哈迈德清真寺。

a. 外　观

b. 内部大厅

图 2－52　维玛拉·瓦萨利神庙

由于伊斯兰教强调教徒之间的平等关系，获得了印度中下层民众的认可，11 世纪，印度北部和中部大部分地区的伊斯兰教得以发展壮大；16 世纪莫卧儿王朝信奉伊斯兰教，使印度文化在各方面都受到伊斯兰文化的影响，在印度各地建造了大量的伊斯兰风格建筑和城堡。早期印度伊斯兰建筑是位于德里的库特勃纪功塔（1199—1230 年）（图 2－53a），采用红砂岩材料，塔身收分明显，密排 24

条棱线，向上升腾动感强烈。由于建筑材料的不同，印度伊斯兰建筑呈现出各种奇幻色彩，如白色泰姬—玛哈尔陵（简称泰姬陵）（1632—1647）（图2－53b）、土黄色的杰西梅尔城堡（1156年）（图2－53c）、红色阿格拉城堡（1573年）（图2－53d），浅黄色的斋普尔琥珀堡（1592年）（图2－53e）、斋普尔粉色宫殿（图2－53f）等。

古代中美洲印加文化的代表——特奥蒂瓦坎宗教中心（图2－54），始建于公元前3世纪，位于墨西哥首都墨西哥城东北约40公里处，是美洲的一个重要政治和宗教活动中心。城内建筑物按照几何图形和象征意义布局，以太阳金字塔（图2－55）和月亮金字塔的庞大气势而闻名于世。

a. 库特勃塔

b. 泰姬陵

c. 杰西梅尔城堡

d. 阿格拉城堡

e. 斋普尔琥珀堡

f. 斋普尔粉色宫殿

图 2 – 53　印度伊斯兰建筑

图2－54　特奥蒂瓦坎宗教中心

图2－55　太阳金字塔

2.8　古代中国、朝鲜半岛与日本建筑

中国古代的木构建筑体系在汉代就已经基本成型，到唐代达到成熟阶段，与其他古代文明相比，古代中国由于受到海洋、高山、沙漠等自然环境的阻隔，建筑文化较少受到外来文化的影响，保持着较高的独立性。即使“外来建筑”——佛教、伊斯兰教建筑传入中国后，也逐渐融入木构建筑文化中，形成了较为独特的建筑架构体系，中国

古代建筑在世界建筑体系中独树一帜。唐代以后逐渐影响了朝鲜半岛和日本建筑，引领了东亚传统建筑风格。

在中国传统建筑营造活动中，强调“天人合一”的宇宙观，祭天（图2－56）是最为隆重的活动，统治阶级将“顺天意”作为其统治的理论依据，模拟天象秩序以求合法和永恒，在城市布局时模拟星象方位，如城市的布局方位“青龙白虎朱雀玄武”、汉长安、明清故宫等城市布局模仿北斗七星、墓室壁画中的星象图等。其次，遵循“物我一体”的自然观，对自然的态度是顺应、包容、模仿（图2－57），建筑环境追求最大的自然化，中国传统园林追求“师法自然”，尽可能自然化的设计风格，与欧洲的几何式构图截然不同。再者，营造“阴阳有序”的环境观，认为一切事物皆有两面性，即：正反、阴阳、天地、昼夜、水火等，营造活动的方位存在主从关系，以东为尊，先左后右，构成环境的各要素相互依存又主次有别：水为阳、山为阴，南为阳、北为阴，高为阳、低为阴等。

图2－56　北京天坛

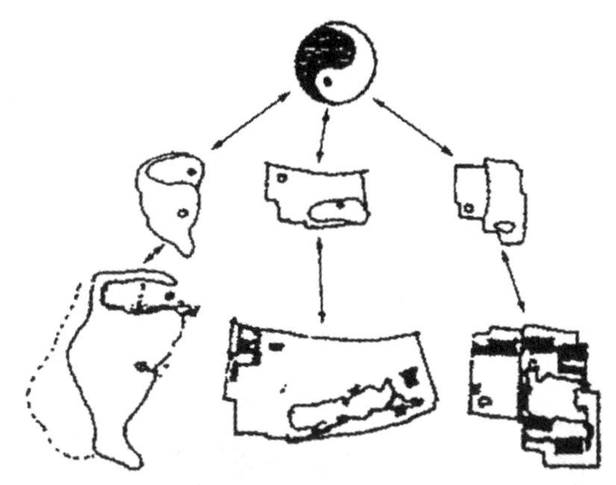

图 2－57 **中国传统园林同构关系**

中国古代木构建筑特征受自然环境、社会条件影响。主流建筑有两种，一是长江流域的干栏建筑，二是黄河流域的木骨泥墙房屋（图2－58），除此之外还有毡包、穹顶等形式。木构架建筑取材方便、适应性强、轻质抗震、施工快、便于修缮、搬迁；缺点是耗费木材、耐久性差、耐火性差、不耐虫蛀、不耐腐蚀，所以木构建筑的保存难度较大。

a. **干栏建筑**

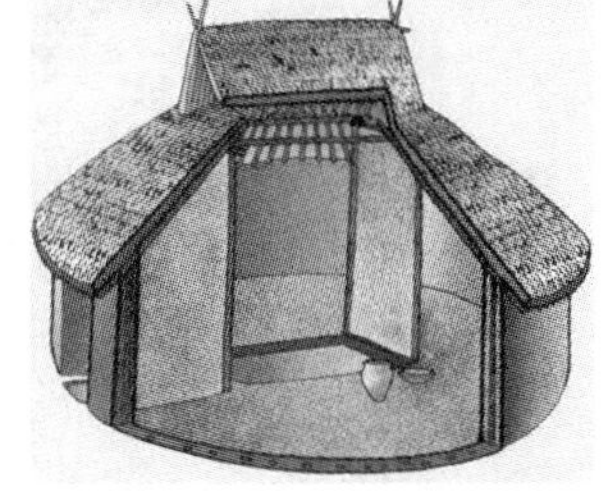

b. **木骨泥墙房屋**

图 2－58

木构架结构主要有抬梁式、穿斗式，以及混合式，抬梁式（图2－59a）柱子不直接承托檩条，而是柱上架梁，由梁或梁上的短柱、斗拱承托檩条。特点是用料大、柱距大、空间大，多用于北方民居和南北方的官式建筑。穿斗式（图2－59b）柱子直接承托檩条，柱子之间用木枋相连，以增加稳定性。特点是用料小、柱密、空间小，多见于南方建筑。斗栱是中国木构建筑特有的构件，由斗、栱、昂三部分组成，作用是在柱子上伸出悬臂梁承托出檐部分的重量，以保持屋面的稳定（图2－59c）。

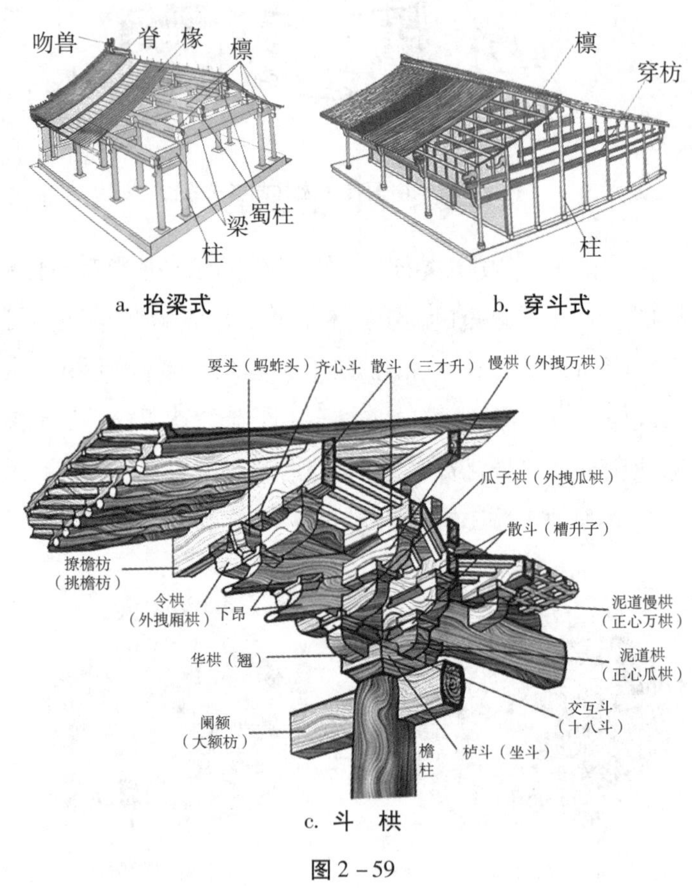

a. 抬梁式　　b. 穿斗式

c. 斗　栱

图2－59

建筑单体由屋顶、屋身、基座三部分构成（图2－60）。屋顶形式多样，有等级高低之分，等级最高的是庑殿，只有宫廷和庙宇建筑可以使用，如故宫太和殿（图2－61）。与西方的石材建筑不同，中国传统木构建筑受到木材尺度的限制，建筑体量尺度有限，大体量建筑通常由建筑群体围合而成，形成多重院落的建筑群体空间。

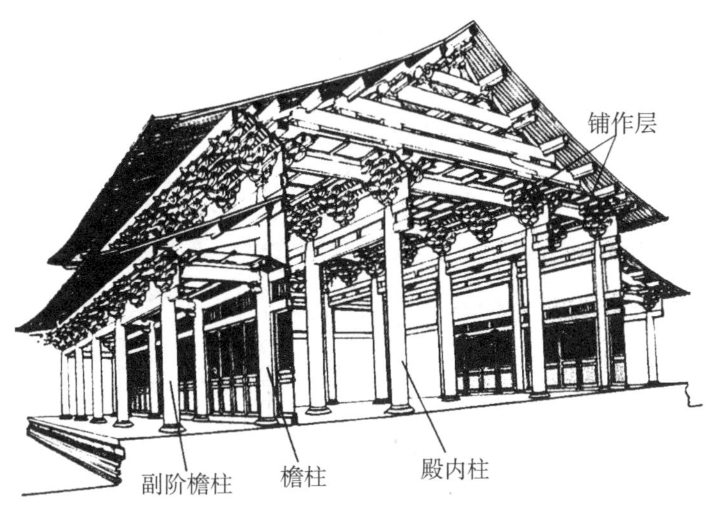

图 2-60 **单体建筑的构成**

图 2-61 **太和殿**

由于农业在中国古代占据较为重要的地位，传统建筑、村镇、城市的选址都要综合考察气候、地形地貌、植被、水文、环境容量等因素，理想方位是背山面水向阳坡的台地上，便于就近取水和避免水患。对于不利环境要进行整治，如修筑堤坝、植树造林等，以保障居住者的生活质量和安全。

中国古代还有“工官”制度，即有从事城市规划、建筑设计的专门人才，隋代设立工部，隋代的汉化鲜卑人宇文恺任将作大匠，主持了隋大兴城的规划，最早使用建筑模型、比例严谨的图纸推敲方案。宋代李诫任将作监，熟悉建筑设计、施工、材料、施工管理，主持修编了《营造法式》，该书系统、详细地将建筑活动所涉及的工程做法、工料计算等纳入标准化范畴，对于宋代建筑发展起到了积极的推动作用。

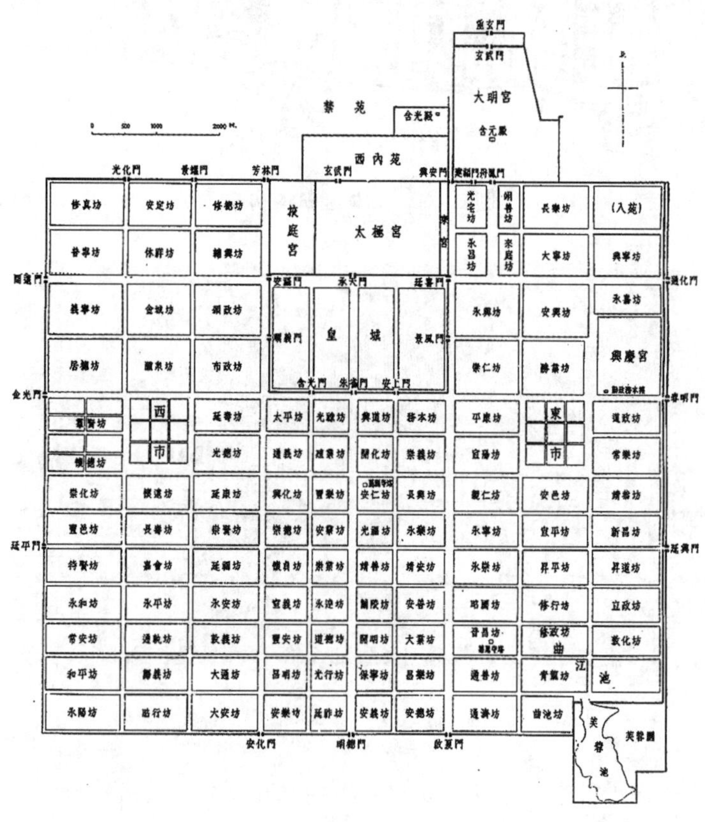

图 2－62　唐长安城平面图

中国古代城市规划在《周礼·考工记》中有规定：“匠人营国，方九里，旁三门。国中九经九纬，经涂九轨。

左祖右社，面朝后市，市朝一夫。”意思是：匠人营建都城，九里见方，城墙每边三门。都城中有九条南北大道、九条东西大道，每条大道可容九辆车并行；东边是宗庙，西边是社稷坛；宫殿前面是群臣朝拜的地方，后面是市场。隋朝都城大兴城即是按照以上规制进行规划，后为唐继承并完成修建成为唐都城（图2－62）。唐长安城采用网格状路网，方正有序，气势恢宏，是中国封建时期规模最大的都城。宫殿建筑的发展经历了从汉唐时期的自由布局到明清时期（图2－63）的轴线对称格局，从建筑规模、色彩、尺度等各个方面严格强调封建等级秩序。

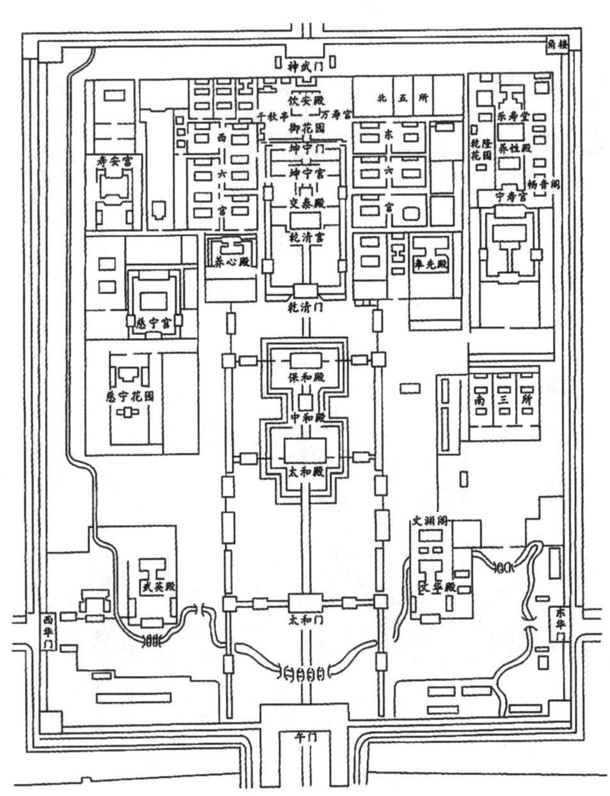

图2－63　明清北京宫城

中国民居建筑类型多样，从穴居、巢居演变成为早期的木骨泥墙房屋和干栏式建筑，多采用围院式形式，平面形式有一字型、L字形、口字型、日字形、圆形等围合形态（图2－64）。在中国传统文化中，崇尚“天人合一”的思想，在住宅中模拟自然山水格局布局园林，将建筑融入自然山水式园林中，是中国传统住宅的特点。魏晋南北朝是中国园林发展的转折时期，是山水园林风格的奠基时期，唐代是风景园林全面发展的时期，开池堆山，宫室苑囿的规模宏大，两宋造园活动更为普及，遍及地方城市和一般士庶，以水景、花木见长，明清则是我国古典园林的最后兴盛时期（图2－65）。

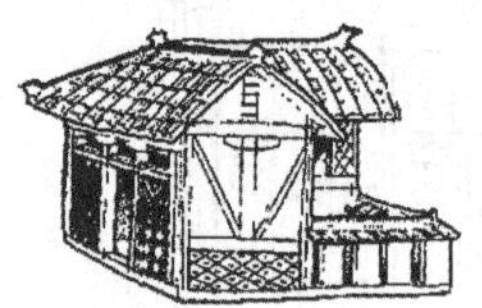

“口”字形

三合院

“日”字形

图2－64　汉代时期的住宅形式

图2－65　园林住宅

中国历史上比较有影响力的宗教是佛教、道教和伊斯兰教，道教源于远古的巫祝、方士，发展至东汉正式成为宗教，道观布局遵循我国传统的宫殿、坛庙体制，以殿堂为主，不建塔、钟鼓楼等，如武当山道观（1413年）（图2－66）。延续时间较长和传播较广的是佛教，两晋、南北朝时期佛教建筑得到很大的发展，建造了大量的寺院、石窟、佛塔。佛寺布局有的以塔为中心（图2－67）、有的以殿堂为中心。伊斯兰礼拜寺后期受到中国传统木构建筑的影响，也采用了中国传统轴线院落式木构建筑风格，如建于明初的陕西西安化觉巷清真寺（14世纪末）（图2－68），共有东西向院落四重，第一、二进为牌坊和大门，第三进是省心楼，第四进为礼拜殿，建筑采用传统中式木构架两坡屋顶形式，细节带有伊斯兰建筑风格。

总体而言，中国古代社会以农业立国，对节气、天象的把握和再现是文化的核心部分，其次，由于是高度集权的统一国家，士官文化是主线，官本位思想始终是价值参照体系，皇权至上，宗教未曾超越皇族政权地位，因而宫殿建筑成为社会最高建筑成就的代表。中国古代社会文化存在着“内向型”心理特征，即受数千年来农业社会生产生活方式决定，由于封建社会长期的封闭式管理和限制人员流动，在城市建设中注重以家庭为单位的建设，即以合院式住宅为主，对城市公共空间关注较欧洲城市少。社会文化还存在特征鲜明的“尚祖性”，即血缘崇拜导致对祖先、传统、制度的强力维护，建筑制度较少发生变革，使得传统木构建筑形制得以在漫长的封建社会中稳定传承下来。

图 2－66　武当山道观

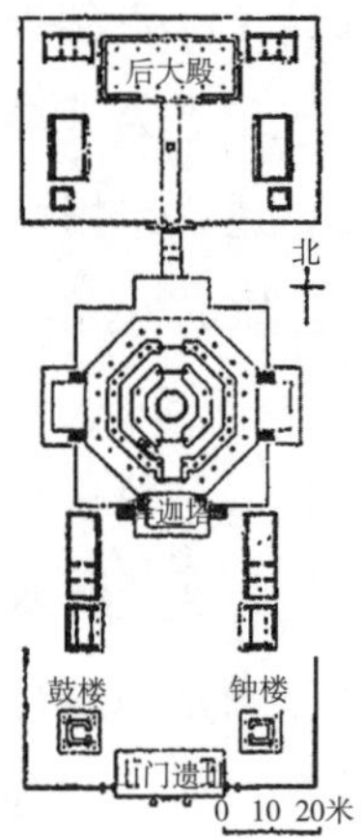

a. 总平面（前塔后殿）

b. 外　观

图 2－67　山西佛宫寺

a. 塔

b. 大 殿

图 2-68 西安化觉巷清真寺

朝鲜半岛与日本的建筑型制、宫室布局等深受中国古代建筑的影响，宫室建筑以景福宫（1394年初建，1870年重建）（图2－69）为代表，采用了中国古代宫城“前朝后寝”的格局。

a. 外　观

b. 园　景

图2－69　景福宫

日本的平城京（今奈良）（710—784年）（图2－70a）的宫室、街巷、市场布局以及命名等均是模仿中国唐代都城长安城，只是尺度有所缩小。东大寺（初建于728年）（图2－70b）及天守阁（1609年）（图2－71）建筑风格也带有唐代建筑的特征。日本住宅与园林受到禅宗与茶道的影响，大都表现出质朴简约的风格，其“枯山水”写意式园林采用石块象征山峦，白砂象征湖海，白砂之上耙出各种曲线象征水面波浪，意境深远，如龙安寺庭院（图2－72）。

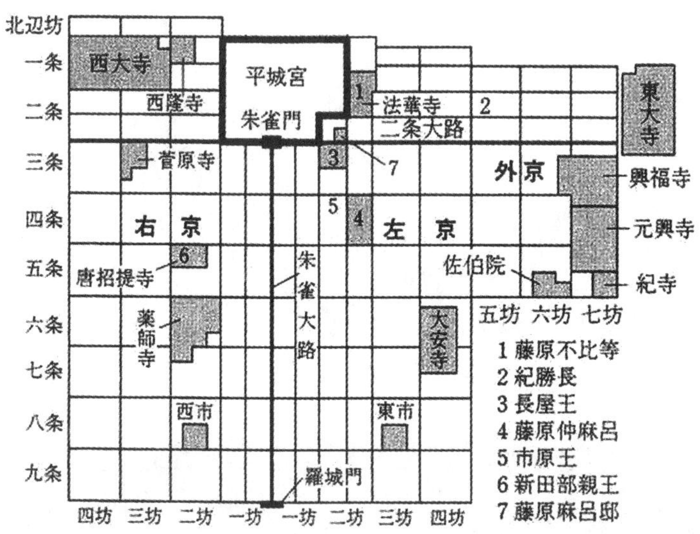

a. 平城京（奈良）布局示意图

b. 奈良东大寺

图2－70 日本平城京及建筑

图 2－71　姬路城天守阁

图 2－72　龙安寺庭院

2.9 近代西方建筑

随着欧洲工业革命的迅猛发展，社会变革迅速，“效率、实用、简单”渐渐成为工业社会的审美标准。建筑设计的核心不再是“唯美追求”，而是“技术”与“功能”结合，工业化产品——玻璃和钢材的广泛应用，为建筑师提供了多样化的造型手段。建筑业进入资本主义经济运作的轨道，重要建筑通过招标来完成，建筑师成为竞争机制中的自由职业者，促进了建筑艺术个性的发挥和建筑风格流派的形成。

建于1851年的“水晶宫”（图2－73）是为在伦敦举行的第一届世界博览会而建造，是英国工业革命时期的代表性建筑，由英国园艺师J. 帕克斯顿按照当时植物园温室和铁路站棚的方式设计。建筑面积约7.4万平方米，宽约124.4米，长约564米，共五跨，高三层，大部分为铁结构，外墙和屋面均为玻璃，整个建筑通体透明，宽敞明亮，故被誉为“水晶宫”。由于采用装配式结构，建筑构件模数化、构建种类较少，便于工厂批量化生产，现场安装施工时间不到九个月。该建筑具有全新功能、快速建造、技术先进的特点，实现了形式与结构、形式与功能的统一，摈弃了古典主义的装饰风格，向人们展示了一种新的建筑美学原则（轻、光、透、薄），开辟了建筑形式的新纪元。“水晶宫”虽然功能简单，但在建筑史上具有划时代的意义。

a. 外　景

b. 内　景

图2－73　伦敦“水晶宫”

后来出现了多种新建筑风格和新技术的尝试，如强调浪漫田园风格的工艺美术运动（图2－74）、新艺术运动（图2－75）、维也纳分离派（图2－76）等开创新装饰风格的建筑艺术流派，也出现了探索现代钢结构高层建筑的芝加哥学派（图2－77），追求与自然环境融合的草原式住宅（图2－78），崇尚建筑与工业化结合的德意志制造联盟（图2－79）等建筑流派和风格，从艺术、技术、方法等方面推动了现代主义建筑的产生。

图 2－74　英国红屋

图 2－75　巴塞罗那米拉公寓

图 2－76　维也纳分离派展馆

图 2－77　芝加哥百货公司大楼

图2-78 芝加哥罗宾住宅

图2-79 德国法古斯工厂

2.10 现代主义建筑

2.10.1 现代主义建筑的产生

现代主义建筑是指20世纪中叶，在欧洲及北美建筑界居主导地位的一种建筑风格。主张建筑师要摆脱传统建筑形式的束缚，大胆创造适应于工业化生产、体现新材料、新技术、新形式的崭新建筑，因此具有鲜明的理性主义和激进主义的色彩，又被称为现代派建筑。

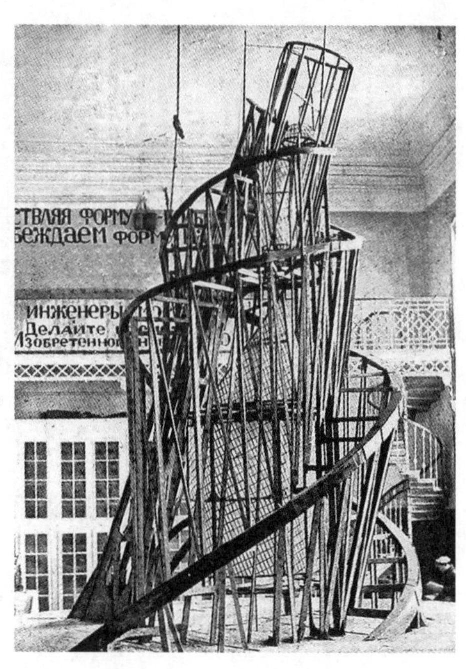

图 2－80　第三国际纪念碑

现代主义建筑产生于两次世界大战之间，一战后初期经济拮据的状况促进了建筑讲求实用的倾向，在技术上，结构技术进步（大跨度建筑、壳体结构等），钢筋混凝土技术应用普遍，新型建筑材料（铝板、玻璃纤维等）应用广泛，建筑设备快速发展（空调、卫生洁具等），施工技术快速提高，促进了建筑技术的迅速发展；艺术上的表现主义、未来主义等思想极大地拓展了人们的审美，俄国的构成派（图 2－80）和荷兰的风格派（图 2－81、2－82、2－83）开创了一种现代造型风格；在设计教育上，德国包豪斯学校强调设计与工业化结合的现代设计教育体系确立，以上因素共同促进了现代主义建筑及设计的诞生。

图2－81 风格派绘画

图2－82 风格派家具——“红蓝椅”

a. 外 观

b. 室 内

图 2－83 施罗德住宅

现代主义建筑强调建筑要随时代而发展，建筑应同工业化社会相适应，建筑师要研究和解决建筑的实用功能和经济问题，积极采用新材料、新结构，坚决摆脱过时的建筑样式的束缚，采取灵活均衡的非对称构图、简洁的处理手法和纯净的体型，创造新的建筑风格。主张发展新的建筑美学，吸取视觉艺术的新成果。与学院派建筑师不同，现代主义建筑师对大量建造的普通市民住房相当关心，还对此作了科学系统的研究。

格罗皮乌斯是现代建筑师和建筑教育家，现代主义建筑学派的倡导人之一，包豪斯的创办人。1919年任魏玛实用美术学校校长，将实用美术学校和魏玛美术学院合并成为专门培养建筑和工业日用品设计人才的学校，即公立包豪斯学校（图2－84）。他强调建筑走工业化道路，提倡建筑设计与工艺的统一，艺术与技术的结合，讲究功能、技术和经济效益，对建筑功能的重视还表现为按空间的用途、性质、相互关系来组织和布局建筑。

图2－84　包豪斯学校教师

包豪斯学校的教学特点是在设计中强调自由创造，反对模仿因袭与墨守成规，将手工艺和机器生产结合起来，强调各艺术间的交流，让学生既有动手能力又有理论素养，把学校教育同社会生产挂钩，让包豪斯成为一种风格——注重满足实用要求，发挥新材料和新结构的技术性和美学性能，造型整齐简洁，构图多样灵活。包豪斯校舍（1925年）（图2－85）的规划设计体现了现代主义设计的原则，学校由教学楼、实习工厂和学生宿舍三部分组成，建筑布局是根据使用功能组合为既分又合的群体，既独立分区，又方便联系；重视空间设计，强调功能与结构效能，把建筑美学同建筑的目的性、材料性能、经济性与建造的精美直接联系起来。包豪斯校舍建筑设计和学校教学方法均对现代建筑的发展产生了极大的影响。

图 2 – 85　包豪斯校舍

密斯·凡·德·罗出生于德国亚琛的一个石匠家庭，没有受过正式的建筑学教育，对建筑最初的认识与理解始于父亲的石匠作坊和亚琛那些精美的古建筑，他对现代建筑的贡献在于通过对钢框架结构和玻璃在建筑中应用的探索，发展了一种具有古典式的均衡和极端简洁的风格，提出了“少即是多”“流动空间”等极简主义设计主张，对现代建筑材料（尤其是钢材、玻璃）精致加工的风格，成为极具特色的现代主义建筑流派。代表作有巴塞罗那博览会德国馆（1929 年）（图 2 – 86）、伊利诺伊理工学院布朗楼（1955 年）（图 2 – 87）、纽约西格拉姆大厦（1958 年）等。

a. 外 观

b. 小 院

c. 内 院

d. 门 廊

图2－86 巴塞罗那博览会德国馆

a. 主入口

b. 次入口

图 2 – 87　伊利诺伊理工学院布朗楼

勒·柯布西耶是现代建筑运动的积极分子和主将，被称为“现代建筑的旗手”，是“机器美学”的重要奠基人，1923 年出版了他的名作《走向新建筑》，书中提出了“住宅是居住的机器”。其丰富多变的作品和充满激情的建筑哲学深刻地影响了 20 世纪的建筑设计、城市设计等方面，从早年的萨伏伊住宅（1930 年）（图 2 – 88）、马赛公寓（1952 年）（图 2 – 89）到朗香教堂（1953 年）（图 2 – 97），从巴黎改建规划到昌迪加尔新城规划，不断变化的建筑与城市思想，始终将他的追随者远远地抛在身后。他提出了新建筑的五个特点：房屋底层采用独立支柱、屋顶花园、自由平面、横向长窗、自由的立面，并应用在萨伏伊住宅设计上。在现代主义建筑设计方法上，认为应该是由内而外的，平面是设计的发动机，运用基本形式和有比例的几何体，抛开个人情感，反对外加装饰。在城市设计方面，他是一个“城市集中主义”者，他一反当时社会上反对大城市的思潮，主张全新的城市设计，认为在现代技术条件下，完全可以既保持人口的高密度，又形成安静卫生的城市环境，提出高层建筑和立体交叉的设想，是极有远见卓识的。

a. 外　观

b. 起居厅及屋顶花园

图2－88　萨伏伊住宅

a. 外 观

b. 屋 顶

图 2 – 89 马赛公寓

a

b

图2-90 郎香教堂

美国建筑师赖特的建筑设计运用简单的几何形体组合，自然材质结合环境特点，将建筑与环境有机融合，建筑内部空间自由灵活，外部造型简洁典雅，形成“有机建筑”风格，主张建筑应与大自然和谐，就像从大自然里生长出来似的；并力图把室内空间向外伸展，把大自然景色引进室内。代表作有流水别墅（1936年）（图2-91），整个建筑悬在溪流和小瀑布之上，与所在环境的山林、流水紧密交融，建筑与大自然互相渗透，汇成一体，互相衬映。再加上光影的变化，使整座建筑显得既沉稳厚重又轻盈飞逸。建筑空间灵活多样，既有内外空间的交融流通，同时又具有安静隐蔽的特色；既运用新材料和新结构，又始终重视和发挥传统建筑材料的优点，成为极具特色的建筑经典作品。

a. 外　观

b. 局　部

图 2－91　流水别墅

芬兰建筑师阿尔瓦·阿尔托在建筑与环境、建筑与人性之间的关系方面所取得的突破则是独创性的，主要的创作思想是探索“地方性、人情化”的现代建筑道路。他认为工业化和标准化必须为人的生活服务，适应人的精神要求。代表作有帕米欧疗养院（1933 年）（图 2－92），充分考虑患者的需求进行建筑布局和设计，使得每个病室都有良好的光线、通风、视野和安静的休养气氛。由于北欧冬季漫长，日照短暂，令人感觉压抑，设计使用暖色给人以温馨的感觉，反映出建筑师对建筑的人情味的追求，建筑造型和功能结构紧密结合，表现出理性的简洁、清新的建筑形象。

a. 外 观

b. 内 院

c. 走　廊

d. 楼　梯

图 2－92　帕米欧疗养院

现代主义建筑设计的原则有：①功能方面，现代建筑认为功能是出发点，对建筑来说功能是重点，所以它是一个从内到外的设计，而古典建筑认为造型是出发点；②空间方面，现代建筑认为空间是建筑的主角；③技术方面，强调运用新技术，现代建筑的初期是使用新技术，后来慢慢变为表现新技术，是由于新的功能和新的空间往往需要新技术来表现；④经济性方面，古代权贵阶层的建筑，可以花费大量的时间和金钱，而在工业社会，低成本高效率已经成为趋势，建筑经济性是衡量评价建筑的重要指标；⑤社会性方面，现代建筑派认为建筑具有社会功能（社会效益），建筑师具有社会责任，通过社会建筑创作给人们提供一种新的生活方式，而在古代，建筑师是服务于宗教、权贵阶层的。

2.10.2 现代主义建筑的深入和发展

二战结束后，百废待兴，城市恢复和住房建设进入一个新的高潮，现代主义建筑由于其经济、理性、立足解决实际的特点，在世界范围得到了广泛认可和实践，现代主义建筑也产生了很多流派和分支，首先应用最广泛的是“理性主义”的充实和提高，针对性地解决建筑使用问题，如哈佛大学研究生中心（1950年）（图2-93）运用高低错落的院落空间和连廊，形成了既独立又联系便利的教学空间。在20世纪50-60年代，出现了以柯布西耶为代表的“粗野主义”风格建筑，毛糙的混凝土、沉重的构件、粗鲁的组合，形成一种粗犷的设计风格，如马赛公寓（图2-89）、印度昌迪加尔法院（1956年）（图2-94）等。在美国，产生了以雅马萨奇为代表的典雅主义倾向建筑，致力于运用传统的美学法则来使现代的材料与结构产生规整、端庄与典雅的庄严感，代表作有西雅图太平洋科学中心（1964年）（图2-95）等。随着材料科技、结构科技的发展，“高技派”在建筑风格与设计上强调系统设计和参数设计，主张用最新的材料（如高强钢、硬铝、塑料和各种化学制品）来制造体量轻、用料少、能够快速灵活地装配、拆卸与改建的结构与房屋，炫酷的建筑造型。如巴黎蓬皮杜艺术与文化中心（1976 年）（图 2-96、2-97、2-98）等。

a. 总平面

b. 外　观

图 2-93　哈佛大学研究生中心

a. 外观 1

b. 主入口

c. 外观 2

图 2－94 印度昌迪加尔法院

a. 室外雕塑

b. 装饰细节

图 2－95　西雅图太平洋科学中心

a. 外 观

b. 局 部

图 2－96 法国蓬皮杜艺术与文化中心

图2-97　西班牙马德里机场

图2-98　法国波尔多法院

a. 外观1

b. 外观2

图2－99　芬兰珊纳特塞罗市政中心

此外，二战后还有偏“情”的建筑思潮，如以阿尔瓦·阿尔托为代表的“地方性人情化”倾向建筑，建筑上吸收本地的民族民俗风格，使用地方材料，使现代建筑中体现出地方的特定风格，如芬兰珊纳特塞罗市政中心（1950—1955 年）（图 2－99）巧妙利用地形，行列式排布，群体空间随着行进路线而变化，建筑体量化整为零，尺度宜人。还产生了强调建筑个性化特征的“象征主义”倾向建筑，该风格认为建筑是个人的一次精彩表演，认为设计首先来自于设计者的灵感，来自形式上的与众不同。如悉尼歌剧院（1957 年设计，1973 年建成）（图 2－100）、耶鲁大学冰球馆（1958 年）（图 2－101）等建筑，极具个性和象征主义特点。

图 2－100　悉尼歌剧院

图 2－101　耶鲁大学冰球馆

二战后的30－40年间，对现代主义建筑的多样化思潮和实践，极大地丰富和拓展了现代主义建筑的外延和内涵，从建筑形式、技术、设计方法等方面将现代主义建筑推到了顶峰。

2.11 现代主义之后的建筑

20世纪60年代以后，随着后现代艺术的发展，在建筑领域也出现了反对或修正现代主义建筑的思潮，1966年美国建筑师罗伯特·文丘里在《建筑的复杂性和矛盾性》一书中，提出了一套与现代主义建筑针锋相对的建筑理论和主张，引起了强烈的反响。到20世纪70年代，建筑界中反对和背离现代主义的倾向更加强烈。这一时期的建筑思潮被称为“后现代主义”。后现代主义理论家文丘里提出的保持传统的做法是：“利用传统部件和适当引进新的部件组成独特的总体”，“通过非传统的方法组合传统部件”，主张汲取民间建筑的手法，特别赞赏美国商业街道上自发形成的建筑环境。他认为“对艺术家来说，创新可能就意味着从旧的、现存的东西中‘挑挑拣拣’”，实际上，这也是后现代主义建筑师的基本创作方法。后现代主义建筑具有三个特征：装饰、象征和隐喻，美国比较典型的后现代建筑有母亲住宅（1962年）（图2－102）、新奥尔良意大利广场（1978年）（图2－103）、美国电报电话公司（AT&T）（1983年）大楼（图2－104）。

图 2－102　母亲住宅

图 2－103　新奥尔良意大利广场

图2－104　美国电报电话公司（ATT）大楼

迈克尔·格雷夫斯是一位重要的后现代主义建筑师，同时也是一位工业设计师，他首先以一种色彩斑驳、构图稚拙的建筑绘画在公众中获得了最初的声誉，他的建筑创作是其绘画作品的继续与发展，充满着色块的堆砌，犹如大笔涂抹的舞台布景，其代表作品有波特兰市政厅（1982年）（图2－105），是美国第一座后现代主义风格的大型官方建筑。英国杰出的后现代主义设计大师詹姆斯·斯特林设计的德国斯图加特美术馆（1982年）（图2－106）采用现代主义与古典风格相结合，并加以戏谑式处理，严肃中充满调侃的味道。

a. 外 观

b. 局 部

图 2 – 105 美国俄勒冈波特兰市政厅

a. 内 院

b. 入 口

图2－106 德国斯图加特美术馆

20世纪70年代起，建筑界逐渐注重建筑的地域性问题，注重建筑和地域文化相联系，表现地方精神，用以对抗千篇一律的“国际式”建筑风格对地方建筑文化的渗透。首先是对任何权威性的设计原则与风格的反抗，关注建筑所处的地方文脉和都市生活状况，比后现代提倡的文脉主义表现得更为全面与深刻。后现代往往是以传统形式作为符号加以运用，而新地域主义则是关注场地、气候、自然条件、传统习俗、都市文脉，从中思考建筑的设计原则，使建筑重新获得场所感、归属感。如莫奈奥设计的罗马国家艺术博物馆（1986 年）（图 2－107），设计委托方要求尽可能使新建筑接近掩埋在其下的罗马残骸，博物馆设计避免了对罗马式建筑的完全复制，对罗马原本的建筑形制也进行了适度的借鉴，空间设计倾向于引导参观者游历和感受罗马的历史传统文化。

a. 外　观

b. 展　厅

图 2－107　罗马国家艺术博物馆

解构主义设计无权威、多元化、无固定的形态，建筑形态往往是破碎的、凌乱的。这种建筑是在现代建筑面临危机时产生的，建筑的总体形象散乱破碎，充满矛盾性与冲突性，在形状、色彩、比例、尺度等方面的处理享有极度自由、变化万千。形体设计采用动态、倾倒、扭转、弧形波浪、衍生等手法，造成的动势或不安定效果，有别于一般稳重肃立的建筑形体，空间元素和各部分的连接显得突兀，如弗兰克·盖里设计的洛杉矶迪斯尼音乐厅（2003年）（图 2 – 108）。

a. 入口大厅

b. 外　观

c. 内　景

d. 屋顶花园 1

e. 屋顶花园 2

图 2 – 108　洛杉矶迪斯尼音乐厅

新现代建筑师理查德·迈耶主张立体主义构图和光影变化，强调面的穿插，讲究纯净的建筑空间和体量，善于利用白色表达建筑本身与周围环境的和谐关系，如建于

2003年的罗马千禧教堂（图2－109），如船帆状的三片白色弧墙，层次井然地弯曲，运用天然光线在建筑上的反射变化，使建筑显得静谧和洒脱。

a. 侧　面　　b. 室　内

c. 局　部　　d. 入　口

图2－109　罗马千禧教堂

本章小结

建筑样式的发展与社会、经济、文化、技术紧密联系，审美标准也在不断变化和发展着，当代建筑的多元化特征越来越明显，建筑社会性特点越来越突出，对建筑样式的理解和评价应该持有历史和客观的态度，要将建筑放在特定的历史条件下进行评价和比较，全面地看待建筑发展。

第3章　建筑空间与形式

空间是虚无的，宛如天地间那样辽阔和空旷，向四面八方无限延伸。空间与人发生联系则变为“环境”。环境分为自然环境与社会环境。我们就生活在这种环境中，并且经常不自觉地被这个空间影响或者作用于这个空间。建筑，从空间属性而言，就是对空间限定的组织形式。

空间是建筑建造的“目的”。建造建筑，不仅仅是为了建筑的外在形式，更重要的是获取建筑中“空”的那个部分，容纳特定的功能。建筑功能包括满足人们日益增长的生活需求的使用功能，同时也包含建立在使用功能基础上，使人们获得心理愉悦和精神满足的美的享受（图3－1）。

图3－1　欧洲教堂室内

在《大英百科全书》中，“形式”被解释为：“某一对象的外在形状、外观或构造；与其相对的是构成事物的内容。”历史上对于形式内涵的研究纷繁复杂，大致可以分为物质的、物理学意义上的形式和精神的、心理学意义上的形式两种，前者如“形式是各个部分的比例和安排”，后者如“先验的形式”“形式是意象，具有生命的意义”。

视觉形式包含两个层面：一是表层的物质媒介层面，包括点、线、面、体、色彩、肌理、光影、空间等；二是深层的内在的空间组织关系层面，包括空间构成关系、平衡、对比、韵律、对称、方向、距离等。这里所说的形式包含上述两个层面的要素。

3.1　认识建筑空间

3.1.1　空间的概念

空间是构成建筑最基本的单位，是物质存在的一种形式，是物质存在的广延性和伸张性的表现，空间是无限和有限的统一。就宇宙而言空间是无限的，无边无际，就每一具体的个别事物而言，空间又是有限的。建筑空间是任何形式的表现方法都不可能完满表达的空间形式，它只能通过直接体验才能领会和感受（图3－2）。

图3－2　老　子

3.1.2　空间的体验

在大自然中，空间是无限的，但是在我们周围，可以看到人们正在用各种手段取得适合于自己需要的空间。一把伞和一棵树给他们带来了一个暂时的空间，使他们感到与外界的隔绝。观众为演讲者围合了一个使他兴奋的空间，当然，人散了，这个空间也就消失了。

各种不同形式的空间，可以使人产生不同的感受。阳光下的一面墙，把空间分为阳面和阴面两部分，它们给人不同的感受。座椅布置方式不同，产生的空间效果也不同，它影响人的心理——面对面的旅客很快就熟悉起来了（图3－3）。

a. 伞和树　　b. 演　讲

c. 座　椅　　d. 墙

图3－3　对空间的体验

对“空间”的理解，一般说来，可以从空间观念和空间知觉两方面来探讨。

（1）空间观念

空间观念是指人们对空间的较为稳定的看法，古代同现代，东方同西方，空间观念有很大的差异。由于各地的文化底蕴背景不同，风俗习惯不一，导致东西方甚至各地区建筑空间的迥异。

（2）空间知觉

空间知觉是指动物（包括人）意识到自身与周围事物的相对位置的过程。它主要涉及空间的深度、形状、大小、运动、颜色及其相互关系等的知觉。空间知觉是一种潜在的视觉心理运动意识，由视觉、听觉、触觉、嗅觉的记忆和经验综合而成。对空间知觉的学习一般从“光与视觉”“形态知觉”两方面来理解。

（3）空间与光影

对光的认知，是人类感觉器官最基本的功能之一。建筑在光的作用下，细部得到充分体现，利用结构产生的光影加强空间感。影子对于提高空间感受和增强空间深度起着主要作用，利用影子的变化可丰富形态空间的艺术效果，光影表现技术可使人感受到现代空间动感，充满唯美的精神（图3－4）。

（4）对空间形态的感知

对空间形态的感知包括两个方面的内容：一方面是空间本身，如空间的几何形状、大小比例、空间组织、界面处理、材料质感等；另一方面是人与空间的关系，如人在空间中发生的活动、人在空间中的运动流线、人的视线的穿越与遮挡、人的身体与家具的接触等。

（5）空间的几何形状

空间的几何形状是指空间的具体形式（图3－5）。

a. 艾弗利天主教堂

b. 卡拉特拉瓦（西班牙）艺术与科学城

c. 密尔沃基美术馆

图3－4　空间与光影

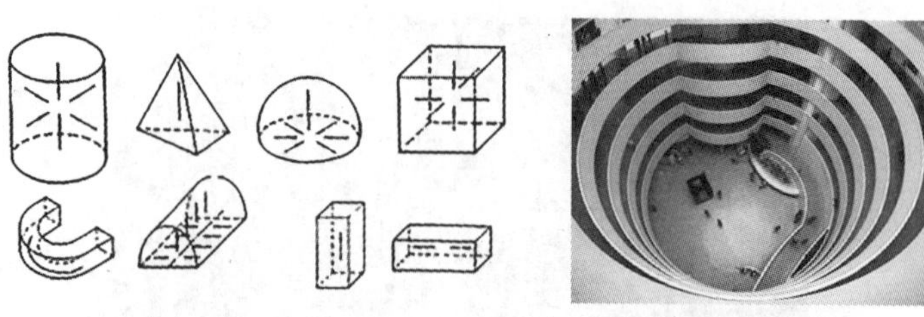

a. 空间形状示意图　　b. 古根汉姆博物馆 1959

c. 创意空间

d. 立方体空间

图 3－5　空间的几何形状

（6）空间的比例

空间的比例主要指各构成要素之间，要素与整体之间在量度上的关系（图 3－6）。细而长、纵深方向的空间产生向前、深远的感受，而垂直方向的空间产生挺拔感和力度。

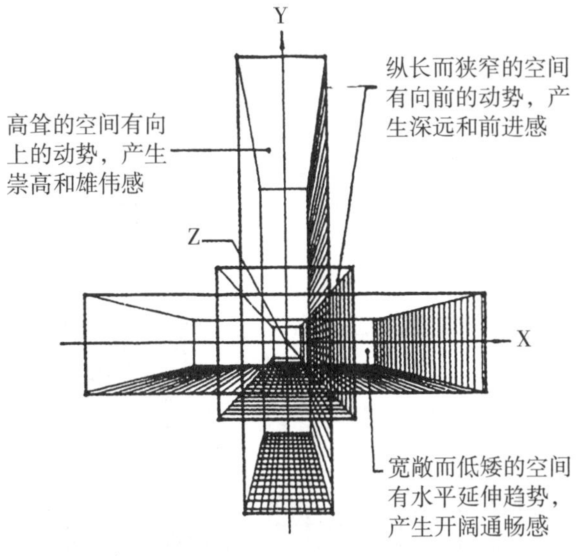

a. 空间的比例

b. 细长的建筑空间

图 3－6　空间的比例

(7) 空间尺度

空间尺度（高度、长度、宽度）是衡量空间及其构成要素大小的客观标准（图 3－7）。当然，还应考虑到人体尺度和整体尺度。

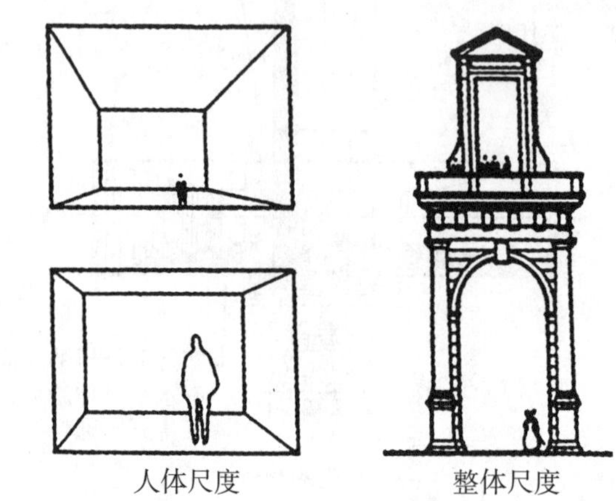

a. **人体和整体尺度**

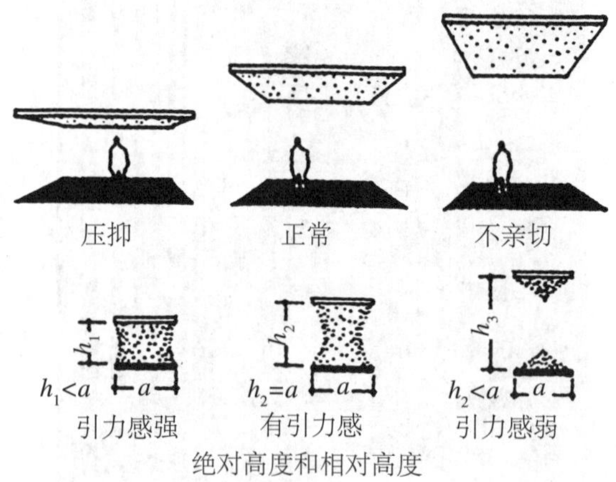

b. **绝对和相对高度**

图 3－7　空间的尺度

尺度分为绝对尺度和相对尺度，绝对高度——以人作为尺度，相对高度——空间高度与底面积的比例关系。

3.2 空间构成的基本要素

3.2.1 空间与界面

空间是容纳人活动的“容器”，实体是构成“容器”的边界，空间的形成必须通过实体界面的建构来加以完成，二者是虚实共生、正负反转的关系（图3－8）。

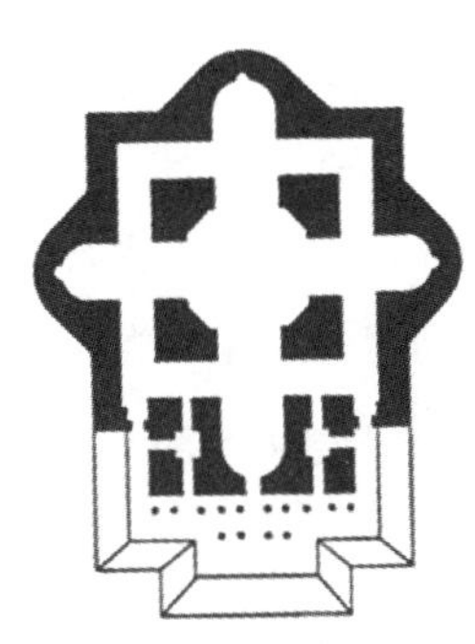

a. 图底关系

b. 空间与界面

图3－8 空间与界面

3.2.2 空间构成的基本要素

基本要素：从点到一维的线，从线到二维的面，到三维的体，每个要素都是建筑设计词汇中的视觉要素。我们可以感到点的存在，一条线可以标识出平面的轮廓，平面可以围成一个体，并且两个体量构成了占据空间的实体。当这些要素在纸面上，或在三维空间中变成可见元素时，它们就演变成具有内容、形状、规模、色彩和质感等特性的形式。当我们在环境中体验这些形式的时候，应该能够识别存在于其结构中的基本要素——点、线、面和体。

点

点是形式的原生要素，一个点标出了空间的一个位置，从概念上讲，它没有长、宽或深，它是静态的、无方向的，而且是集中性的。

作为形式语汇中的基本要素，一个点可以用来标识（图3－9）：

- 一条线的两端
- 两线的交点
- 面或体角上的顶点处
- 一个范围的中心

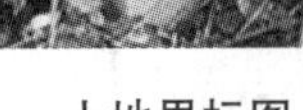

a. 土地界标图

b. 绿植组景在空间中的点

c. 圆点园路

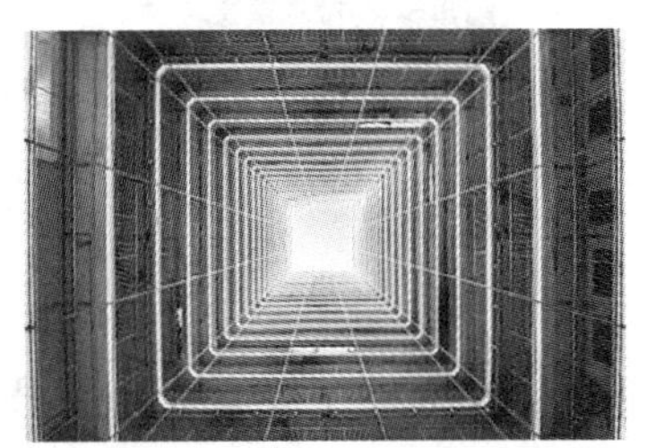

d. 香港公屋空间

图3－9　点

线

线是由一个点展开形成的，具有长度、方向和位置等特征。线是点的延伸，运动中的点所描述的路径，在视觉上表现出方向、运动和生长。线具有以下的特征（图3－10）：

●连接、联系、支撑、包围或交叉其他可见的要素

●描绘面的轮廓，并给面以形状

●表明面的表面

●产生视觉引力，成为视觉焦点

●系列线面感较强，形成内外过渡空间

●多根线要素限定一个虚面，通透空间

●廊柱限定空间与周围有视觉连续性

●柱列与墙面结合可改变墙面比例

a. 公园小径

b. 欧洲教堂内部空间

c. 现代室内空间

d. 美国圣路易斯拱门

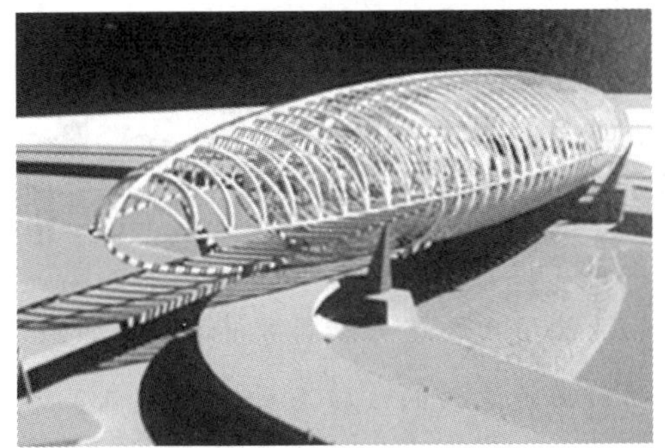

e. 设计模型 1

f. 设计模型 2

图 3－10 线

面

面是由一个线展开形成的，具有长度、宽度、形状、表面、方位、位置等特征。一系列平行线通过它们的重复，就会加强我们的平面感。当这些线条沿着它们所表现的平面本身进一步延伸时，暗示的面就变成了实际的面。

●平面是建筑中常用的基本要素，根据位置可分为水平面（包括建筑的地面和顶面）、斜面和垂直面。水平面在建筑中除地面、楼板外，还包括台阶、架空层、水平构架等。抬高或降低地面可增强画面的限定感。

●随着现代科技的发展，曲面越来越被广泛运用到建筑中，这种形态无形中使建筑产生一种强烈的动感，充满生机，使人感到兴奋、活跃。曲面使用合理可以创造出丰富多彩的空间形态。

C

●规则曲面是运动的线按照一定的控制条件运动的轨迹，有圆柱、椭圆、球体、圆锥等几何图形。

现实生活中对物体点、线、面的定义是在一定的尺度、条件下的，同一元素在不同的视点下，相互之间是可以转化的（图3－11）。

a. 范斯沃斯住宅 1

b. 范斯沃斯住宅 2

c. 墨田北斋美术馆

d. 哈尔滨大剧院

图 3－11 面

体

体是由一个面展开形成的，其具有长度、宽度、深度、形式和空间、表面、方位、位置等特征。基本的空间形态如直方体、椎体、柱体、球体及各种多面体、曲面体（图 3－12）。

●直方体空间 宽窄高深不同的围合营造各种空间感觉（图 3－12a）

●角椎体空间 各斜面向顶端延伸使空间有上升感

（图 3－12b）

●圆柱体空间　轴心相等有向心性，给人一种团聚感（图 3－12c）

●球形空间　均质围绕空间具有封闭感、压缩性（图 3－12d）

●三角形空间　扩张感和收缩感（图 3－12e）

●环形、螺旋形空间　有流动指向（图 3－12f）

a. 现代建筑模型

b. 交泰殿

c. 福建土楼

d. 中国国家大剧院

e. 卢浮宫

f. 莫比乌斯住宅

图3－12 体

3.3 建筑空间的限定

空间本身是无限的，是无形态的，由于有了实体的限定，才得以量度大小，进行构成，使其形态化，限定一个空间无非从两个方向来入手：

一是垂直方向，四周围合起来就限定了空间；

一是水平方向，由于有重力，首先需要有个底面，上面再覆一个顶面，便能限定出空间来。

3.3.1 垂直方向的限定

垂直方向构件限定空间的方法有“设立”和“围”。

物体设置在空间中，指明空间中某一场所，从而限定其周围的局部空间，我们将空间限定的这种形式称为设立。

设立是空间限定最简单的形式，设立仅是视觉心理上的限定，设立不可能划分出某一部分具体肯定的空间，提供明确的形态和度量，而是靠实体形态的力、能、势获得对空间的占有。因而聚合力是设立的主要特征，因此设立往往是一种中心限定（图3－13。）

a. 迪拜的哈利法塔

b. 高层建筑 1

c. 高层建筑 2

图 3－13 设 立

围合是空间限定最典型的形式，它形成空间的内外之分。建筑中用来限定空间的墙面，使用的就是围合的手法。高度不同、数量不同的面，围合的效果也不一样。被分隔的空间之间互相穿插贯通，没有明确的界线，这是对空间进行自由灵活分隔的一种组织形式（图3－14）。

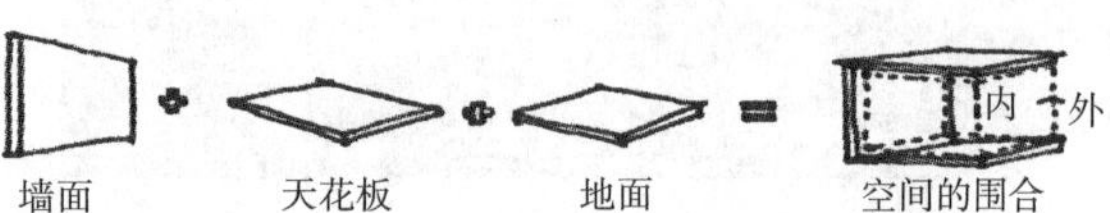

a. 围　合

b. 围合空间

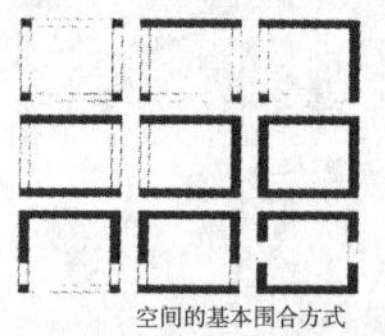

c. 空间的基本围合方式

d. 院落空间

图3－14　围

3.3.2　水平方向的限定

用水平方向的构件限定空间的方法有五种：凸、凹、覆盖、架起和肌理变化。局部降低或提高某一部分地面，可以改变人们的空间感。建筑常利用这种手法来强调或突出某一部分空间，或利用地面高差的变化来划分空间，以适应不同功能需要或丰富空间的变化。上抬空间表现空间的外向性和重要性。下沉空间暗示空间的内向性、遮挡与保护性。

凸（抬起）：将部分底面凸出于周围空间，会沿着水平面的边界生成若干垂直界面，限定范围明确、肯定。凸出的空间给人一种心理上的庄重感。随着凸起的次数增多，重复形成台阶形状。这在我国宫殿、祭祀建筑中很常见，如北京太和殿、祈年殿，以此突出皇权的神圣和威严（图3－15）。

a. 凸空间

b. 天　坛

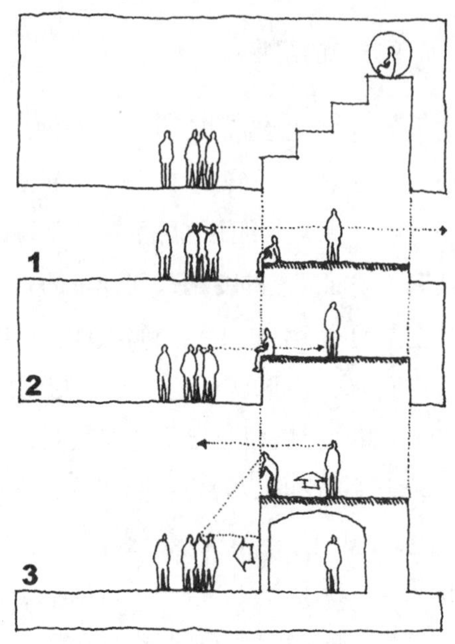

地坪面的升高

c. 地坪面的升高

d. 公园绿台

图 3－15　凸

凹（凹陷）：与凸起形式相反，性质和作用相似，利用下沉部分的垂直表面来限定一个空间，凹进去的空间含蓄安定（图3－16）。

a. 凹空间

b. 日本筑波中心广场

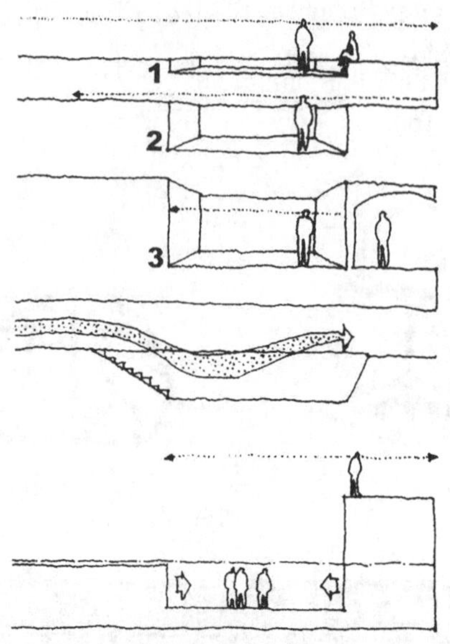

地坪面的下沉

c. 地坪面的下沉

d. 美国沃斯堡流水公园

图3－16 凹

覆盖：覆盖是具体而实用的限定形式，上方支起一个顶盖使下部空间具有明显的使用价值。

覆盖的形态操作中应着重于塑造空间的形状、大小和氛围，而不宜对构成覆盖的实体材料作过分的渲染（图3－17）。

a. 覆　盖

b. 大跨度空间

c. 荷兰代尔夫特理工大学图书馆

图3－17　覆　盖

架起：把被限定的空间凸起于周围空间，所不同的是在架起空间的下部包含有从属的副空间。架起，相对于下部的副空间，被架起的空间限定范围明确肯定。在架起的操作中，实体形态显得较为积极，而空间形态往往是其他部位空间的从属部分。架起和覆盖的区别在于架起的顶部空间也有使用价值，如城市中的高架桥（图3－18）。

a. 架　起

b. 跨海大桥

图3－18　架　起

肌理变化：利用基面材料的纹理、色彩、质地来限定上部空间，增加场所意识（图3－19）。

图3－19 西班牙格兰纳达 ERAS DE

多层次限定的空间，指每一个空间都是从上一个层次的空间中被限定出来的，经过多次反复而形成的一组空间，这种形态操作可以造成空间之间的层次关系，为空间中的空间。

3.4 建筑空间构成组合的形式

建筑总是由许多空间组成，按照这些空间的功能、相似性用连接通道将它们相互联系起来，构成各种空间形式。多空间的组合形式具有以下特征：1. 各空间皆具有相对独立性。主体进入时，两个比邻的空间不能同时在视野上完整地呈现；2. 全部内空间应该贯气，而且主体可以通过；3. 空间与空间的组合可以是点接触、线接触、面接触、体接触。

3.4.1 二元建筑空间的构成关系

(1) 包 容

包容是体接触的一种形式，当两个明显不同的内空间互相接触时，体积大的空间将把体积小的空间容纳在内，两者之间很容易产生视觉及空间的连续性。在有高差的前提下，体量差别越大，包容感越强。如果小空间扩张，外围的大空间就变成仅仅环绕小空间的一片薄层和表皮。即会破坏包容的意向（图 3 – 20）。

包容组合要点：

- 小空间要有吸引力，可与大空间方向相异，剩余空间也产生动势；
- 小空间与大空间形成对比，增强小空间的独特性；
- 变换空间封闭、开敞程度使其有所变化；
- 大小空间有某种元素上的呼应联系。

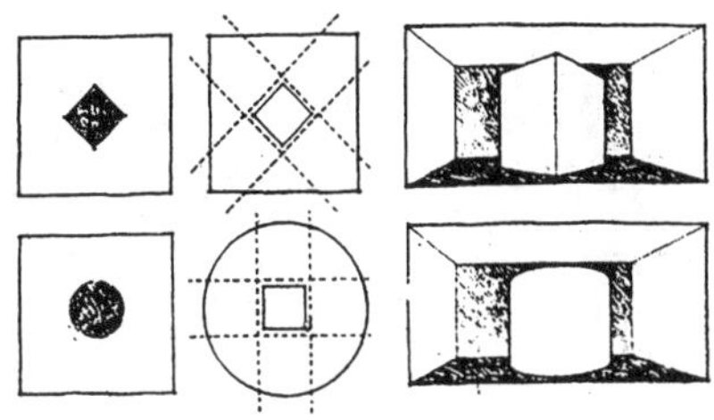

a. 包 容

b. 中国科学院综合楼

c. 新华艺术中心

图3－20 包 容

(2) 连　接

连接是使两个相互分离的空间由一个过渡空间相连接，过渡空间的特征对于空间的构成关系有决定性的作用。

●两个空间连接构成的形式有轴线形式、过渡形式、沿道形式、山地形式等。

●二元空间构成时，除两空间自身的形状、大小、封闭与开敞程度可影响构成效果外，更以其彼此间的相对位置、方向及结合方式等的不同关系，构成空间上有变化，视觉上有联系的空间综合体（图 3－21）。

a. 过渡空间与它所联系的空间在形式和尺寸上完全相同，构成重复的空间系列

b. 过渡空间与它所联系的空间在形式和尺寸上不同，强调其自身的联系作用

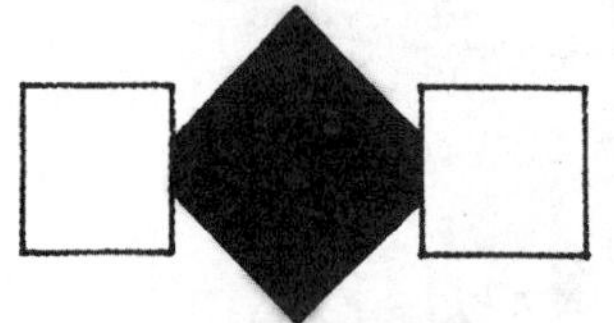

c. 过渡空间大于它所联系的空间而将它们组织在周围，成为整体的主导空间

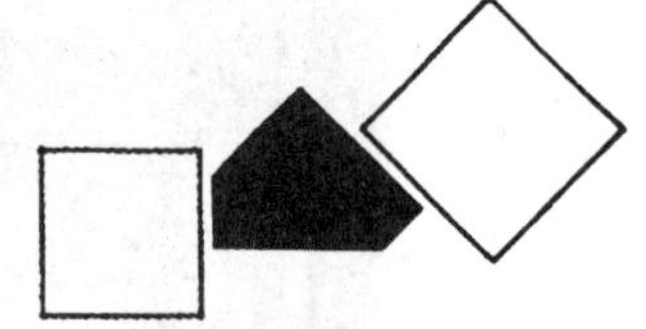

d. 过渡空间的形式与方位完全根据其所联系的空间特征而确定

a. 连接的方式

b. 维特拉家具厂总部办公楼两组空间的连接通道

c. 卡菲·博布尔室内

图 3－21　连　接

（3）接　触

两空间之间的视觉与空间联系程度取决于分割的程度与面接触的形式（对接还是交错接）（图3－22）。

●实体分割，各空间独立性强。分割面上开洞程度影响空间感。

●单一空间里设置独立分割面，两空间隔而不断。

●线状柱列分割两空间，有很强的视觉和空间连续性，其通透程度与柱子的数目有关。

●以地面标高、顶棚高度或墙面的不同处理构成两个有区别而又相连续的空间。

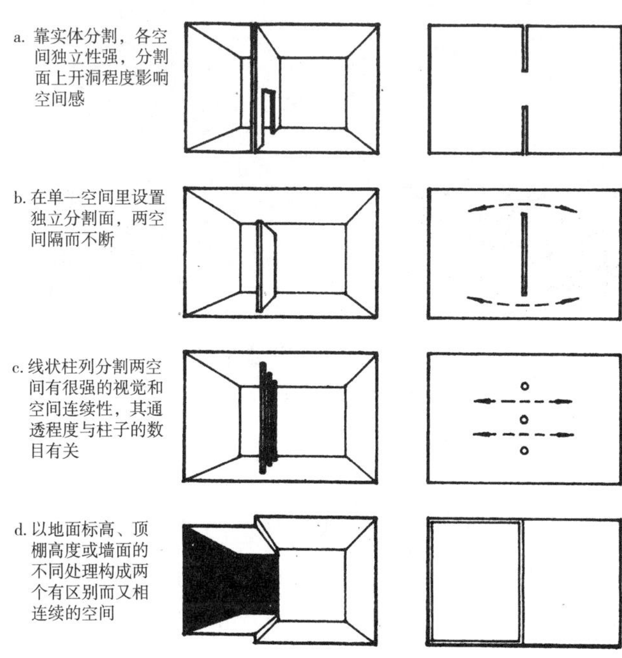

a. 接触的方式

b. 伊东丰雄多摩美术大学

c. 挪威 Vennesla 新图书馆

图 3－22　接　触

(4) 互　锁

互锁是体接触的又一形式，特指两个空间有一部分穿插、透叠、复叠、减缺和差叠后形成空间的模糊性、不定性、多异性、灰色性。互锁多用于空间联系、过渡、引伸，通过互锁，两个空间之间既有共有空间地带，又保持各自空间的界限和完整（图 3－23）。

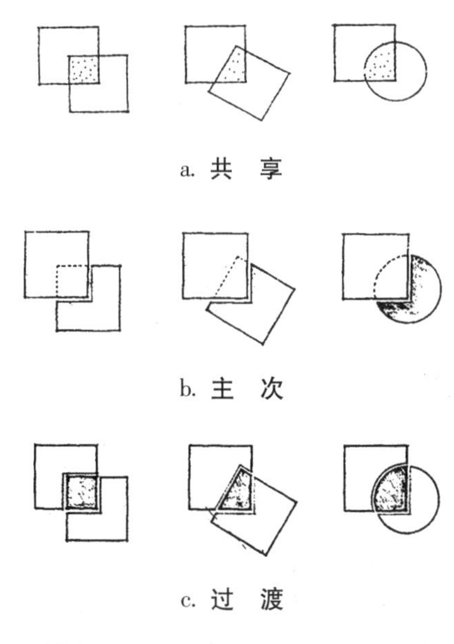

a. 共 享

b. 主 次

c. 过 渡

d. 中央美院附属中学模型

e. 体块垂直相交的建筑

图3－23 互 锁

●共享。共享是由于两空间互锁（形态间的透叠）后仍能维持各自空间形状的特性。共享处既可以属于A空间，又可以属于B空间。它们的共享部分给人以爱昧多意的空间感觉。共享空间的条件是该部分天覆、地载皆备，而围闭则可有可无（若有也只能取半隔式通透的形式）。

●主次。两空间互锁（形成形态与形态的复叠与减缺）时，相叠部分与一个空间合并，成为主空间。相当于平面构成两形相遇时的复叠，从而使相叠部分与空间联合并保持主空间的完整性。而另一空间形态则因此成为减缺形态而变得从属。主次空间中主空间天覆、地载与围闭皆备。

●过渡。两空间互锁（形态之间的差叠）时，相叠部分的形态自成一体，保持相对独立性；或者成为两空间的衔接空间，这样原来的两空间又增加了一空间，成为三空间，犹如平面构成中的差叠。不同的是这里的三个空间中天覆、地载、围闭俱全。三个空间共界组合，其效果自然与通道关系密切。

3.4.2 多元建筑空间的构成关系

由于空间的开放性使得空间力象①创造不仅仅着眼于内部空间，而是内部空间与外部空间有机结合的创造。通过单一力象在方向、位置、结构方面的运动变化，同样能够创造丰富的空间力象。其组合方式可简单归纳为：集中式、串联式、放射式、组团式。

（1）集中式

集中式构成为一个稳定的向心式构成，一般由一定数量的次要空间围绕一个中心的主导空间，一般表现为规则

① 人类把意识表象化，从而使空间有形化。这种形是以传递实体间的关系而表现的，被感受为张力，故叫作空间力的形态，简称为空间力象。

的稳定的几何限定，具有点和圆那种以自我为中心的性质，显示出完美、神圣、尊贵的空间力象（图3－24）。

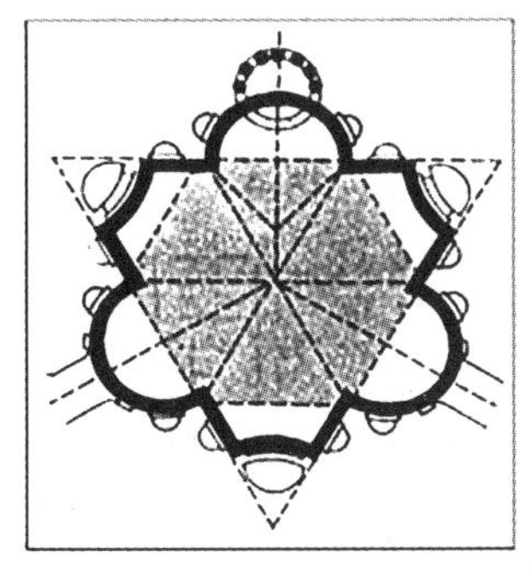

圣依沃教学

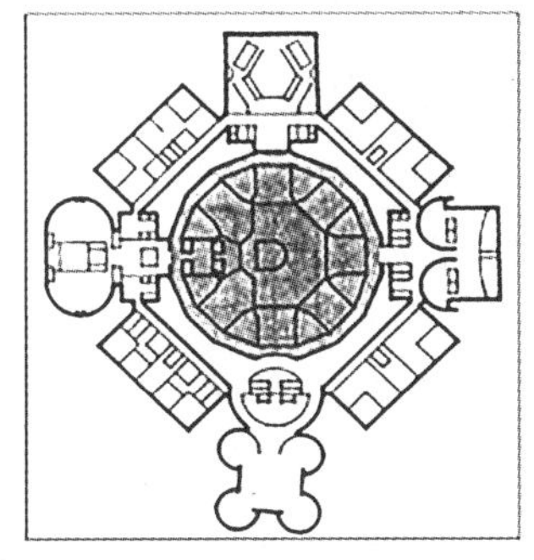

孟加拉议会大厦

a. 集中式建筑平面

缅怀厅剖面

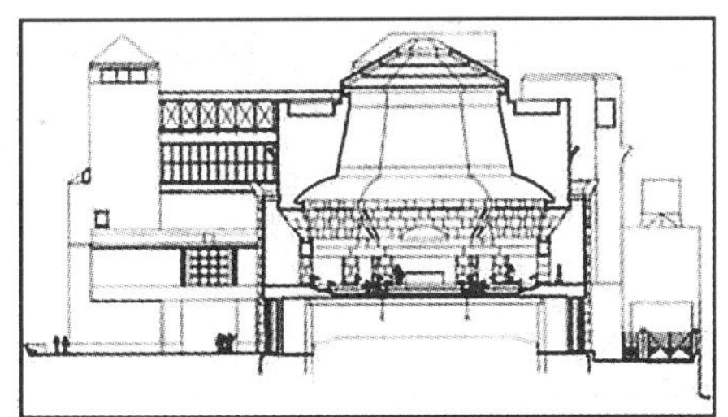

b. 华盛顿犹太人大屠杀纪念馆

c. 华盛顿犹太人大屠杀纪念馆见证厅

图3－24　集中式

(2) 串联式

串联式构成是由若干单体空间按一定方向相连接，构成空间序列，具有明显的方向性，并具有运动、延伸、增长的趋势，构成时具有可变的灵活性，容易适应环境，有利于空间的发展。宿舍、办公楼、医院、学校、疗养院等建筑，一般都适合于采用串联式的空间组合方式（图3－25）。

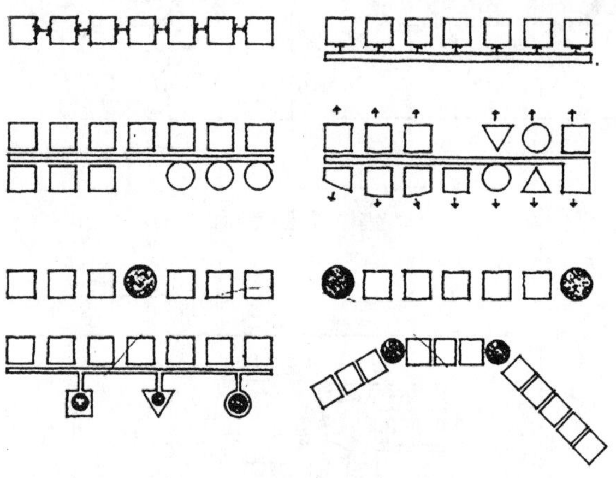

a. 串联的方式

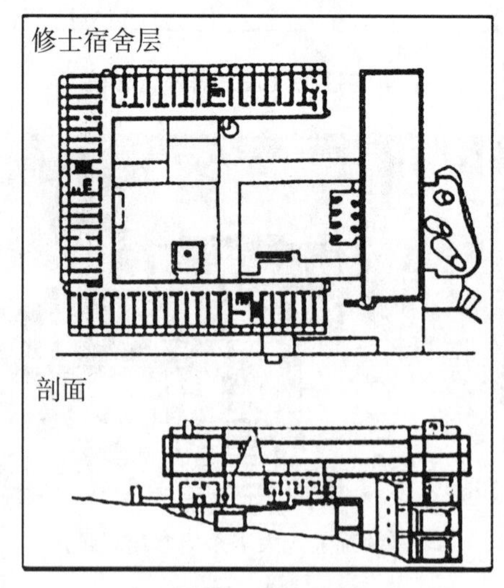

b. 拉土亥特修道院

c. 鄞州区华泰小学

d. 某学校设计图

图3－25 串联式

（3）放射式

放射式构成为集中式与串联式两种构成的结合，是从一个集中的核心元素向外伸展次要空间的构成手法（图3－26）。

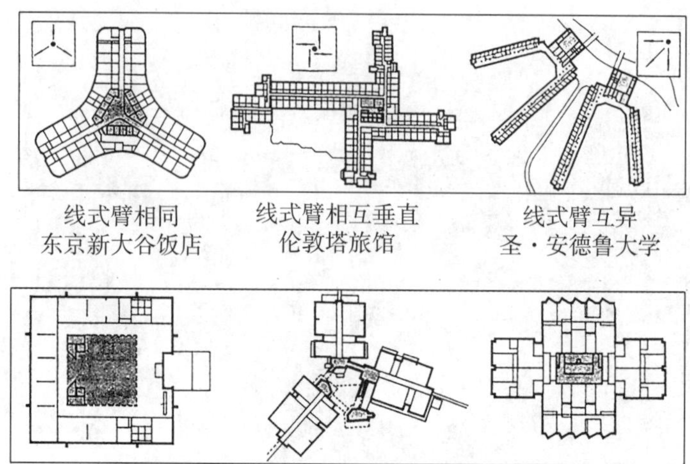

M·W·普罗克特科学会美术馆 L·F·史密斯小学 上海雁荡公寓

a. 放射式的类型

b. 东京新谷大饭店

图 3－26 放射式

（4）组团式

组团式构成一般将功能上类似的空间单元按照形状、大小或相互关系方面的共同视觉特征，构成相对集中的建筑空间；也可将尺寸、形状、功能不同的空间通过紧密的连接和诸如轴线等视觉上的一些手段构成组团（图3－27）。

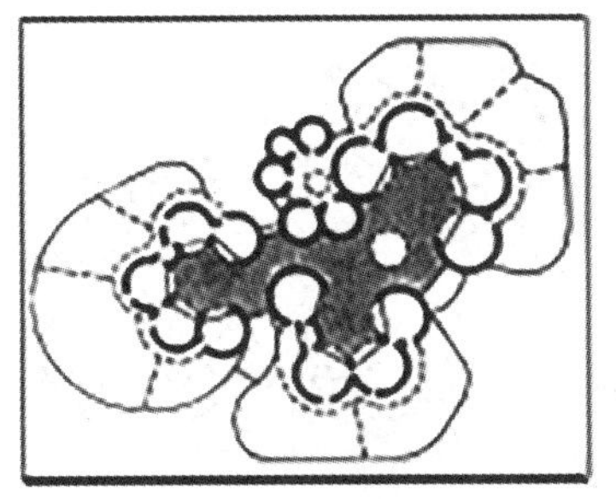

a. 北京动物园犀牛馆

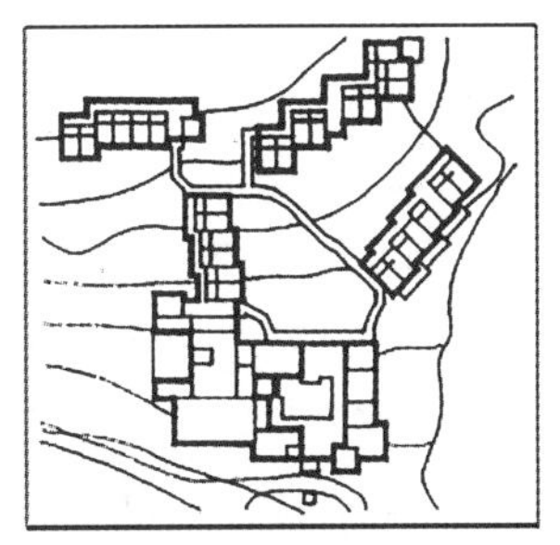

b. 镜泊湖旅游宾馆

c. 奥尔韦伯的ESO弯曲总部

图3－27 组团式

3.5 建筑空间的构成手法

3.5.1 网络构成法

承重结构轴线平面网格向高度方向伸展，交织构成空间网格单元，确定了一系列由参考点、参考线（有时不可见）所连成的固定场位，使它们产生共同的关系，使空间单元系列具有秩序性和内在的理性联系（图3－28）。

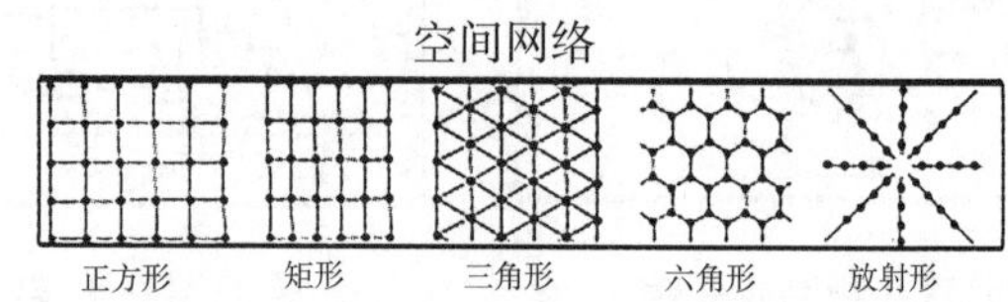

a. 网络构成法：形状

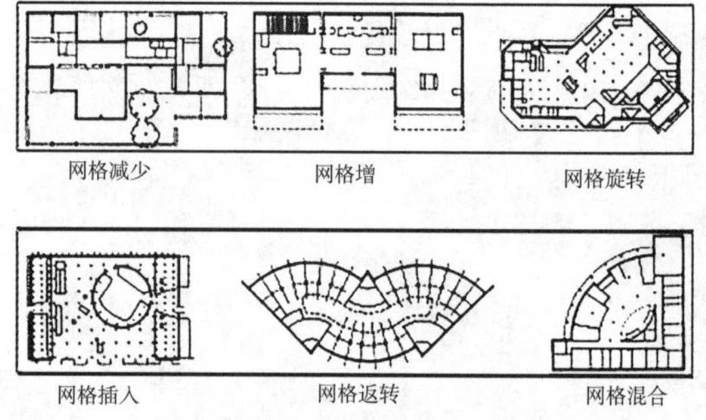

b. 网络构成法：生成

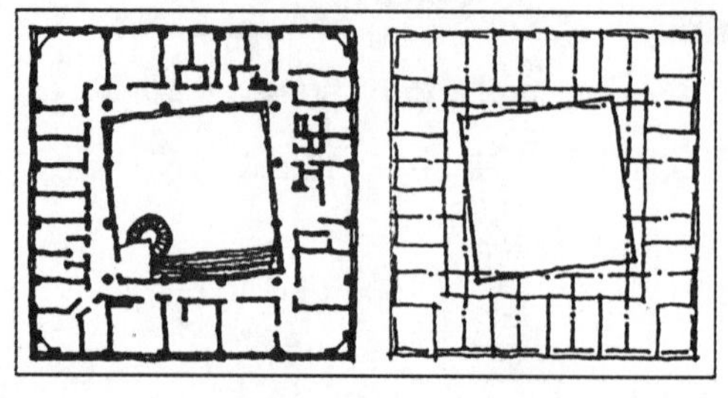

c. 东京女子大学文理学部

图3－28 网络构成法

3.5.2 轴线控制法

轴线是不可见的虚存线，但有支配全局的作用。按一定规则和视觉要求将空间要素沿着轴线布置，可构成有条理的空间组合，引导人沿轴线方向运动（图3－29）。

a. 故宫的空间序列

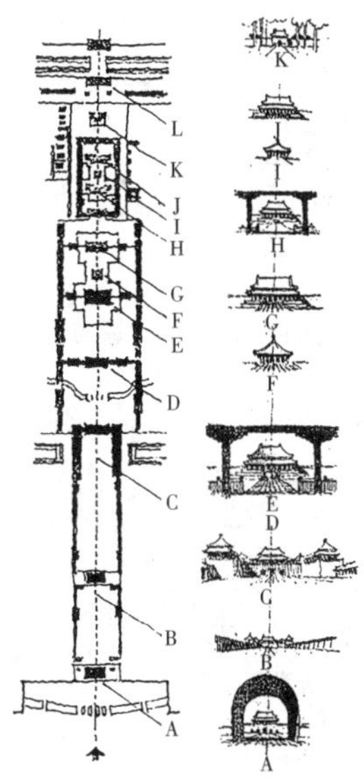

b. 故宫的空间序列分析

图3－29 轴线控制法

3.5.3　空间复合法

在平面二维方向利用构成要素划分、围合出水平向空间的同时，可在水平构图要素上进行中断、减缺、开洞，与垂直方向贯通，横向与纵向空间相互渗透、相互变换，造成视觉的水平垂直循环流通，产生扩大的复合空间。(图3－30)

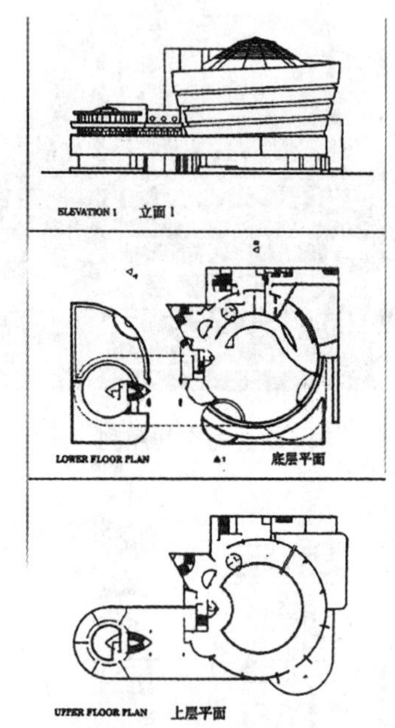

a. 美国纽约古根海姆博物馆平面图

b. 美国纽约古根海姆博物馆剖面图

图3－30　空间复合法

3.5.4 母题重复法

按群化构成中的类似原则，用一两种空间基本形作为空间构成的母题进行排列组合，可使空间简洁、明晰、富于节奏感，增加空间的整体性和统一感（图3－31）。

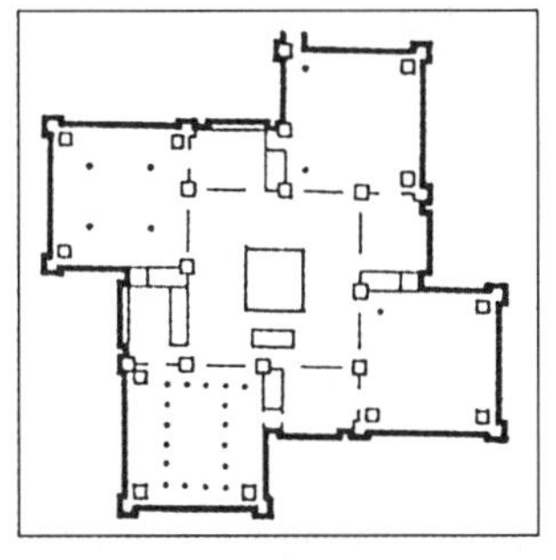

北京四中图书馆
正方形空间母题

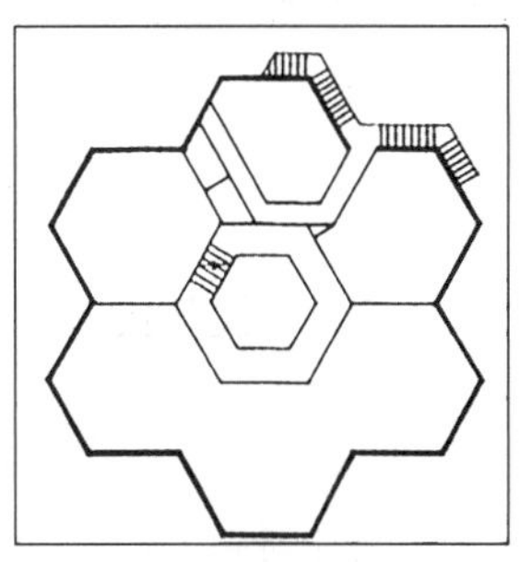

中国科技馆二期工程
六角形空间母题

a. 母题重复法平面图

b. 鸦片战争海战博物馆

图3－31 母题重复法

3.5.5 空间变换法

空间变换构成法以一个在形式、结构及要素秩序上都合理的典型空间模式作基础，经不同处理及在大小、形状、组织方式等方面的变换，构成符合要求的新空间。如阿尔托设计的3个图书馆，主阅览室的空间变换（图3－32）。

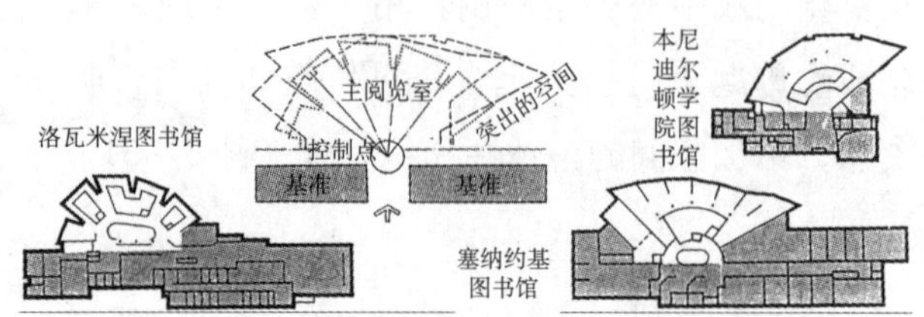

图3－32　空间变换法

3.5.6　模数控制法

模数是一种标准单位尺寸，因技术要求而产生，它使建筑从整体到构配件的尺寸成标准单位的倍数。在建筑空间构成中，它决定空间的大小，有助于构成富含变化的组合，并保证建筑空间在变化中的统一（图3－33）。

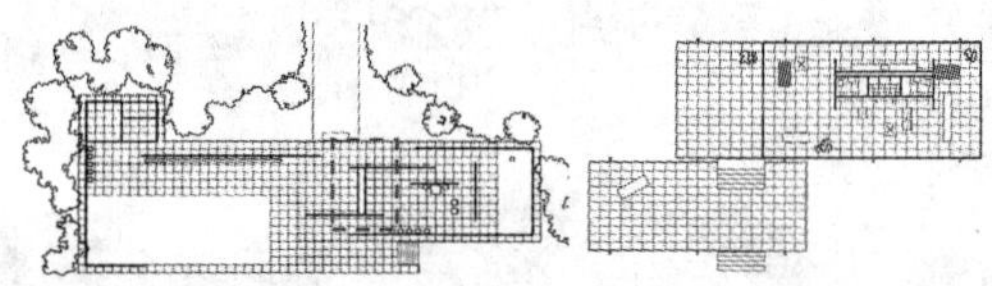

a. 巴塞罗那德国馆与范斯沃斯住宅平面图上对地砖模数，柱网排布

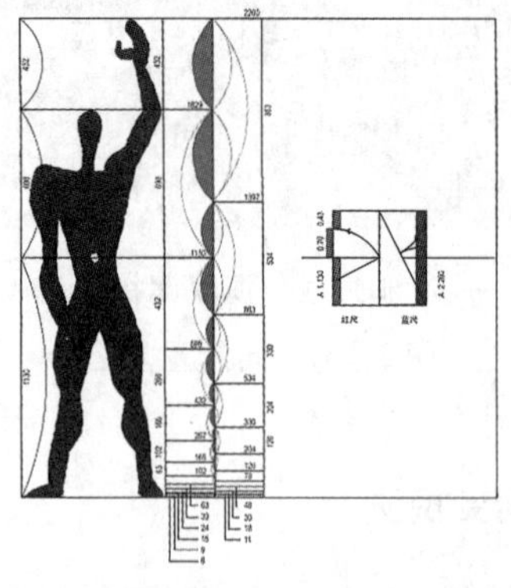

b. 勒·柯布西耶以数学关系和人体尺度为基础所创立的模数制

图3－33　模数控制法

3.5.7 空间特异法

为使功能和含义上重要的空间在视觉上和空间感知上成为突出的部分，可采取以下方法：以空间单元的绝对尺寸大小的对比取得外形上的支配地位；重要空间的形态与其他空间单元相对比，达到视觉上的强调；使重要空间位于影响全局的位置（线式序列或轴线组合的端点、对称组合的中部、集中式或辐射式组合的焦点，偏高、高于、突出于整体空间之外等）（图3－34）。

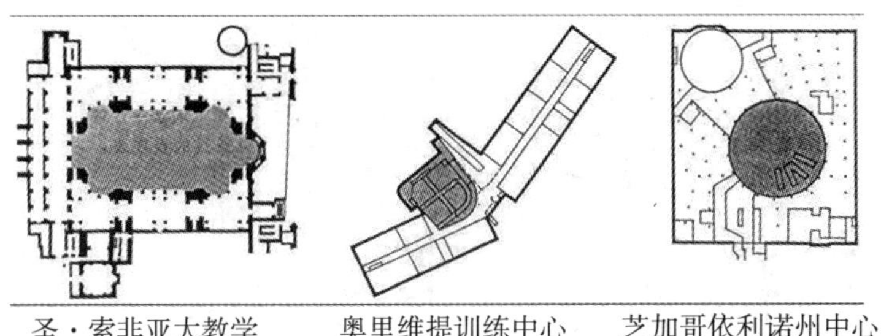

圣·索菲亚大教学　　奥里维提训练中心　　芝加哥依利诺州中心

图3－34　空间特异法

3.5.8 空间切分法

空间切分构成法把构成空间的基本要素打散、分解为最单纯的形态，再以不同的视角，多点感知的理念，重新按“时间—空间”的关系组合，通过空间的穿透可同时感知其他部分的存在。也可把一般概念中的完整空间切割，分解为不同层次，分离后重新组合，使之相互衬托、彼此呼应（图3－35）。

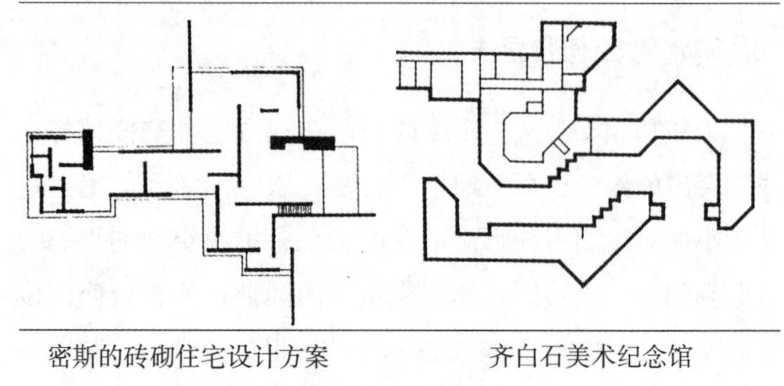

密斯的砖砌住宅设计方案　　齐白石美术纪念馆

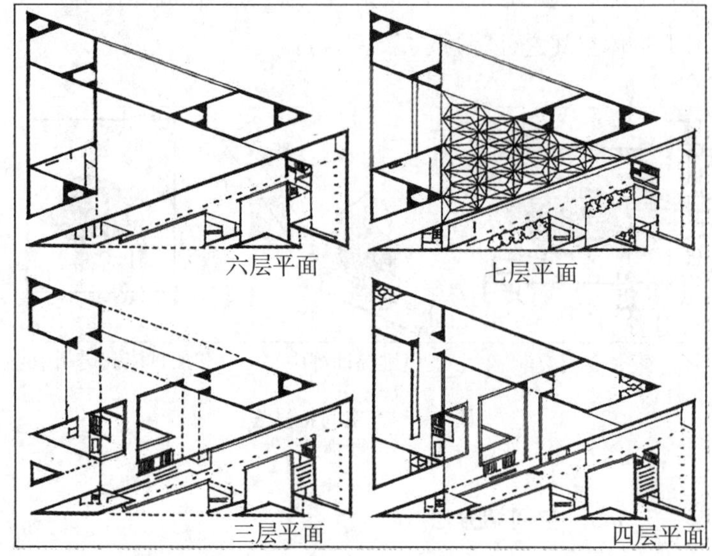

华盛顿国立美术馆东馆（贝聿铭，1969~1978）

图 3－35　空间切分法

3.5.9　空间隐喻法

借用语言、文字中的修辞手法，利用历史上成功的范例，或人们熟悉的某种形态，乃至历史流传的典故，择取其某些局部、片断、部件等，重新加以处理，使之融汇于新建筑形式中，借以表达一种文化传统的脉络，使人产生视觉—心理上的联想。隐喻与象征手法运用应恰当，不宜直接模拟现实生活中的具体形象，以免庸俗化（图3－36）。

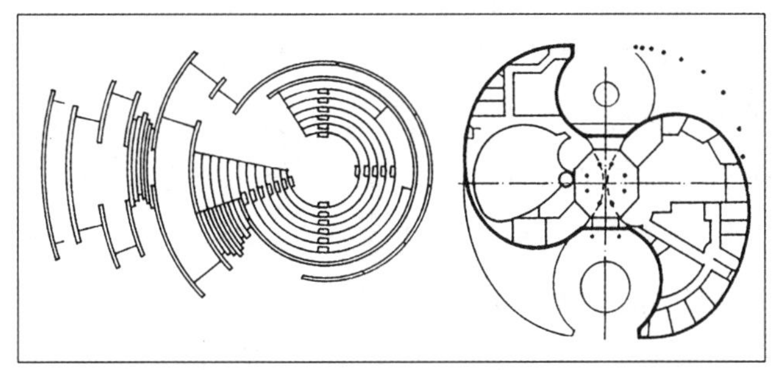

阿维利阿诺文化中心

形似古罗马斗兽场的圆形空间布局隐含着对古代文化的继承

天津南开大学东方艺术馆

以两轴画卷逆向展开的围合空间象征东文艺，并让人联想到东方古代哲学——太极图

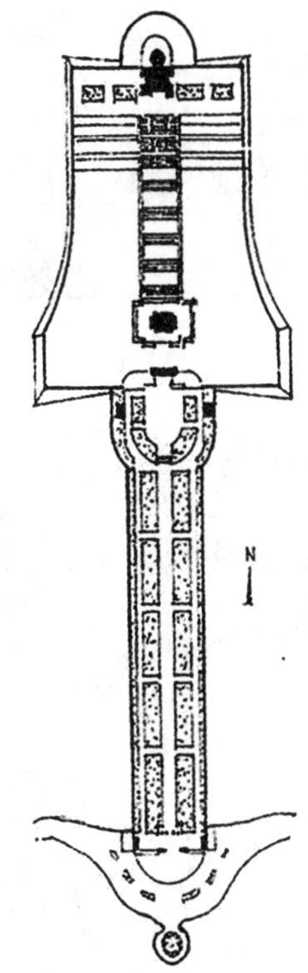

图3－36　空间隐喻法

3.5.10 空间象征法

象征是在视觉符号和某种意义之间建立起来的一种联想关系。建筑空间形态构成中，把人们熟悉的某种事物，或带有典型意义的事件作为原型，经过概括、提炼、抽象为建筑造型语言，使人联想并领悟到某种含义，以增强建筑对人的空间力象。建筑空间的象征方法可分为抽象的和具体的两种，前者突出建筑意境的创造，后者则采用具体形象的比喻方法。美国纽约环球公司候机楼具体的象征（展翅欲飞的大鸟）可引起人们对飞行的联想（图 3－37）。

a. 候机楼

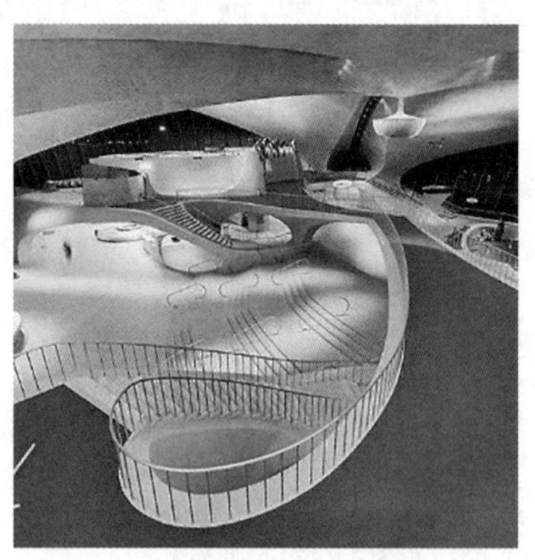

b. 室　内

图 3－37　美国纽约环球公司候机楼

3.6 建筑空间的意境

“意境”是“观物取象”“立象尽意”的过程，即将客观景物与主观情思相结合，通过再创作而获得的寓景于情、情境交融、虚实相生的艺术形象。显而易见，“意境”的精髓在于“物、象、意、境”四者之间的渐进和互动关系：“物”是客观事物，“象”是“物”的再创造，“意”是主观思想和情感，“境”是人们对这个新艺术形象的感官体验，四者合一是“意境”的本质。

3.6.1 “象境之合”

通过意象与意境的融合，归结出建筑空间材料语言的知觉意境体验与表意方法，最后使受众获得空间的独特审美感受（图3－38）。

图3－38 水之教堂及光之教堂

3.6.2 “观物取象”

“意境”的营造是一个对建筑材料进行“观物取象”的过程。“观物取象”中的“观”是指用知觉对外界事物进行观察；“物”指的是世界上的一切事物，在空间设计语境中，指一切可被运用的装饰材料；“取”是概括所观察的物象，对其特征进行概括、提炼和创造；“象”则是所观物象被概括、提炼、再创造后的新形象。“观物”是一个知觉感受的过程，“取象”是思维运动的过程（图3－39）。

图3－39 朗香教堂

3.6.3 “立象尽意”

“立象尽意”是意境构建的结果，在空间中“意境”的营造也是情感序列的构建。情感是一个空间的气场，是空间内部向外释放出一种类似于空间延展性的东西，这个向外延展的区域空间就是气场，也是空间的情感（图3－40）。

图3-40 新西兰“树”教堂

“意境”是创作者将客观景物与主观情思相结合，再次创作出寓景于情、情境交融、气韵生动的艺术空间形象，通过空间形态、空间体量以及材料语言等艺术形象，使空间的景色和情感完美融合，营造出幽深意远的审美境界，让空间具有生命感、心理归属感和文化认同感，使空间成为人与自我精神的媒介，从而给人精神层次的体验与沟通。

本章小结

关注形式与空间要素的物质实体在建筑中的视觉效果，点在空间里的移动确定了线，线则确定面，面则确定了形式和空间的体积。它们相互间的关系和组织布局的性质，决定了这些要素除具有视觉方面的作用之外，还表达了领域与场所、入口与运动轨迹、等级与秩序等概念，这些都体现为建筑形式与空间所表达的平实而特殊的意义。建筑的形式和空间结合为一个统一体，不仅为了实现已有的使用目的，同时还表达了某种意境，建筑空间艺术将使我们的生活充满诗意。

第4章 建筑技术

4.1 建筑材料

建筑材料是指用于建筑物、构筑物等工程设施建设的所有材料。根据其制造方法，可分为人工材料和天然材料；根据其组成成分，可以分为无机材料、有机材料和复合材料；按其使用部位，可分为基础材料、结构材料、屋顶材料、地面材料、墙体材料和顶棚材料等；按其使用功能，可以分为结构材料、围护材料和功能材料等。①

4.1.1 建筑材料的性能要求

建筑材料需要具备一定的性能，包括力学性能、物理性能、耐久性能、化学性能、健康性能、防火性能、外观性能、施工性能等。也可理解为力学性质、与水相关的性质、与热相关的性质和耐久性等。力学性质指抗破坏的能力和在外力作用下的变形性质，包括强度、刚度、硬度、韧性、耐疲劳性等；与水相关的性能包括亲水性和憎水性、吸水性、耐水性和抗渗性；与热相关的性质主要包括导热性和热容量；耐久性是指材料在物理、化学和生物作用下，不易破坏也不易失去其原有性能的性质，例如抗冻、抗风化和抗化学侵蚀等。

根据其在建筑物中所承担的不同作用，各类建筑材料

---

① 阎培渝，杨静，王强：新编木工程新技术丛书之建筑材料（第三版）[M]. 中国水利水电出版社 . 2013

有不同的性能要求。如承重结构应具备一定的强度，功能材料应具备所需的如不透水、隔热保温等性能。

4.1.2 材料类型及表现

自然界存在大量的木、草、土、石等天然材料，建筑材料始于最原始的天然材料，如土、草、竹木、石等；随着人类改造自然能力的加强，逐步发展出经初步加工的人工建材，如砖、瓦、石灰和玻璃等烧土制品，近代常用的建材，如钢铁、水泥、玻璃、混凝土和人造板材，以及现代新型建筑材料，如塑料、铝合金、高性能混凝土、玻璃幕墙和节能材料等。一般将烧土制品、砂石、胶凝材料、混凝土、钢材、木材和沥青归为传统建筑材料，新型建筑材料则包括新型墙体材料、新型防水和密封材料、新型保温隔热材料和新型装饰材料等四类。

图4-1　埃及金字塔

(1) 石　材

石材具有良好的砌筑性能和装饰性能，大量存在于自然界，采自天然岩石，坚硬、抗压度高且耐久，但不易切割且自重大。曾经作为建造房屋和纪念性结构物的主要材料，如欧洲的教堂和皇家建筑、埃及金字塔（图4-1）等。

(2) 木　材

木材是天然生长的有机材料，其材质轻且适应性强，强度高，导热和导电性能低，隔热性好，有较好的弹性和韧性；但吸水易变形，易燃易腐朽。木材可以做梁、柱、屋架等承重构件，也可做门窗、地板以及室内装修装饰材料（图4－2a、b）。

a. 外　观

b. 室　内

图4－2　高黎贡手工造纸博物馆

(3) 烧土制品

烧土制品是人类最早加工制作的人工建筑材料，以天然黏土类物质为原料，经高温焙烧而成，例如砖、玻璃、建筑陶瓷等。

土坯和黏土砖（图4－3、图4－4）曾是我国最主要的墙体材料，但由于黏土材料的获得需要大量破坏耕地，我国已经限制实心黏土砖的生产和使用。

图4－3 土坯建筑

图4－4 砖砌建筑

玻璃是以硅酸盐为主要成分的烧土制品，透明、强度高、坚硬且抗压强度大，但抗冲击性差，多作为建筑上的采光材料。现代建筑常使用玻璃幕墙作为墙体装饰材料，如英国阿伯丁大学新图书馆立面，由不规则图案的保温板和高性能彩釉玻璃构成（图4-5），法国巴黎阿拉伯世界研究中心的玻璃幕墙可调节室内光线（图4-6）。

图4-5 阿伯丁大学新图书馆

图4-6 阿拉伯世界研究中心

建筑陶瓷坚固耐久，防水防火，耐磨耐蚀易清洗，一般作为装饰装修材料。如西班牙巴塞罗那米拉之家屋顶通风塔（图4－7），上海东方艺术中心演出厅陶瓷外墙（图4－8）。

图4－7 米拉之家屋顶通风塔

图4－8 演出厅陶瓷外墙

（4）混凝土

常见混凝土拌和物为硅酸盐水泥、砂石骨料和水按适当比例拌和，经硬化后形成混凝土，属于一种人造石材。混凝土抗压强度高且具有水硬性，耐久性能好，具有可塑性，造价低廉，耐火性好，不腐朽等性能，但抗拉强度低且会受温度变化而产生裂缝。混凝土可以与钢筋通过粘结形成坚固耐久的钢筋混凝土构件。

（5）金属材料

建筑中常用的金属材料主要是钢材、铝合金和不锈钢等。一般具有较高的强度和韧性、光泽度好、耐磨抗冻、易于加工和铸造。如建筑入口处的钢结构雨篷（图4－9、4－10）。

图 4－9　带有艺术造型的钢结构雨蓬

图 4－10　简约现代造型的钢结构雨蓬

（6）复合材料

20 世纪出现的高分子材料、新型金属复合材料和其他各种复合材料的出现，使建筑物的功能和外观发生了根本性变革，如西班牙毕尔巴鄂古根海姆博物馆外墙采用钛合金贴面，加强了建筑动态般的雕塑感（图4-11），浙江福文乡中心小学改造设计中，外立面利用彩色PC板连接不同标高的功能空间，形成魔幻立体的新世界（图4-12）。

图4-11 毕尔巴鄂古根海姆博物馆

图4-12 浙江福文乡中心小学

4.1.3 创新、可持续性与未来

在可持续发展的大前提下，未来建筑材料的发展需满足轻

质、高强度、高耐久性以及节能环保等基本要求，还应具备多功能的特性。如日本建筑师采用再生纸管作为建筑材料进行建筑建造，具有搭建快速、坚固实用、易于拆卸重组的性能，就是一种节能和循环再利用的设计理念（图4－13）。

a. 外　观

b. 内　景

图4－13　纸建筑

4.2 建筑结构

广义的建筑结构一般是指建筑的承重结构和围护结构，狭义的建筑结构仅指建筑的承重结构，本书所指建筑结构是狭义结构，即建筑的承重结构。结构需要满足安全性、适用性和耐久性的要求。

4.2.1 建筑结构的类型

一般结合建筑结构所使用的材料和所采用的受力体系来命名建筑结构。依据建筑承重结构所使用的不同材料，民用建筑结构主要分为砌体结构、钢筋混凝土结构、钢结构、混合结构以及竹、木等其他结构；常见的工业建筑结构有钢筋混凝土柱厂房和钢结构厂房，钢结构厂房多采用门式刚架；此外，还有一类可称为大跨屋盖建筑，多采用钢结构（图4－14）。[①] 结构选型应根据建筑功能、材料性能、建筑高度、抗震设防类别、抗震设防烈度、场地条件、地基及施工等因素，经技术、经济和适用条件综合比较，选择安全可靠、经济合理的结构体系。[②]

根据受力体系的不同，建筑结构采用不同的结构体系。砌体结构一般包括多层砌体和底部框架砌体两类；钢筋混凝土结构体系主要有框架结构、剪力墙结构、框架—剪力墙结构、部分框支剪力墙结构、筒体结构、板柱—剪力墙结构；钢结构一般采用框架体系、支撑结构体系、框架—支撑体系（框架—中心支撑体系和框架—偏心支撑体系）、框架—剪力墙板体系、筒体体系和巨型结构体系，其中筒

---

① 《建筑抗震设计规范》GB 50011－2010（2016版）

② 《全国民用建筑工程设计技术措施》

体体系包括筒体、框架—筒体、筒中筒和束筒等几种分体系；钢—混凝土混合结构主要结构形式有混合框架结构、框架—剪力墙混合结构、框架—核心筒混合结构和筒中筒混合结构，其中框架—核心筒混合结构最为常见，多用于高层建筑的结构体系。大跨度钢结构多采用网架结构、网壳结构、悬索结构、膜结构和张弦梁结构等。①

图 4－14　重庆国际博览中心

4.2.2　各类建筑结构的表现形式

（1）砌体结构

由块材和砂浆等胶结材料砌筑而成，包括砖砌体（图 4－15）、砖石砌体（图 4－16）、石砌体（图 4－17）和砌块砌体，多用于多层民用建筑。由于砌块易于取材，耐久性和耐火性好，隔热、隔声好，施工难度低，组砌方式多样、可形成丰富的建筑肌理效果，因此被广泛地运用在建

① 《钢结构设计标准 2017》GB 50017－2017

筑内外墙体、柱、拱、烟囱、基础、路面等部位。缺点是强度低、整体性差、自重大且施工慢。

图4－15　云南弥勒东风韵建筑

图4－16　云南逦萨古镇姚初住宅

图4－17　石砌体

（2）钢筋混凝土结构

混凝土结构包括素混凝土结构、钢筋混凝土结构和预应力混凝土结构，其中钢筋混凝土结构最为常见（如图4－18、4－19、4－20）。

图4－18　温哥华沿海地貌博物馆

图4－19 混凝土构件

图4－20 西班牙卡塞雷斯公共汽车站

（3）钢结构

钢结构主要承重构件全部采用钢材（钢板、型钢）制作，广泛应用于工业建筑及高层建筑，尤其适用于大跨度结构（如大型公共建筑）（图4－21、4－22）。材料强度高、自重轻、可靠性好、施工简单且抗震性能好；缺点是易腐蚀、耐火性差、造价和维护费用较高。

图 4－21　大兴机场钢结构顶

图 4－22　大兴体育馆钢结构

(4) 混合结构

图4-23 广州电视塔（“小蛮腰”）

承重的主要构件是用混合材料建造的。如砖木结构用砖墙、砖柱或木柱、木屋架作为主要承重结构，建造简单，费用较低，多见于农村的屋舍。砖混结构用砖墙或砖柱、钢筋混凝土楼板和屋顶承重构件作为主要承重结构，曾经是城市住宅最普遍采用的结构类型，目前采用不多。混凝土结构与钢结构可组成钢—混凝土混合结构，多用于高层、超高层建筑（图4-23）。

(5) 其他结构

上述结构以外的房屋都归此类，如木结构、竹结构等。由木材或主要由木材组成的承重结构称为木结构。我国木材资源有限，因此在城市建设中已不准采用木结构。在木材资源丰富的国家，如加拿大、挪威、丹麦等，这些国家木结构已经由传统的“原木结构”，发展为“复合木结构”，即木构技术主要向合成材料木科技发展，开拓了木结构应用的新领域。

竹结构：竹结构有轻质、易加工、经济性好的特点，在竹资源丰富的地方应用较多（图4-24），但竹的承载力有限且易开裂变形，耐久性不足，一般不适用于永久性建筑。

a. 内景 1

b. 内景 2

c. 竹结构图

图 4－24　竹结构餐厅

玻璃结构：随着玻璃材料技术的发展，在结构体系方面，玻璃可以作为承重构件，营造晶莹透亮的视觉观感(图4－25)。

a. 外 观

b. 内 景

图4－25 玻璃结构

4.3 建筑设备

为满足人们在生产和生活上的使用需求，建筑内需设置完善的给水、排水、通风、供热、空调、燃气、供电、照明、消防、电梯、通信、音响、电视等各种设备系统，以提供安全、卫生、舒适的室内环境。我们把提供这些必需物的设备称为建筑设备，包括给水、排水、采暖、通风、空调、电气、电梯、通信及楼宇智能化等设施设备。这些建筑设备是建筑物必不可少的组成部分，其完善程度与技术水平也成为衡量建筑水平、物质生活水平的重要标志。

4.3.1 建筑给水系统

建筑给水系统是将城市给水管网或自备水源给水管网的水引入室内，经配水管送至生活、生产和消防用水的设备。根据用途不同，建筑给水系统可以分为生活给水系统、生产给水系统和消防给水系统三类，三种系统既可以分别设置，也可以组成共用系统。建筑内部给水系统一般由引入管、水表节点、给水管网、配水附件、增压和贮水设备、给水局部处理设施、建筑内部消防设备组成（图4-26）。

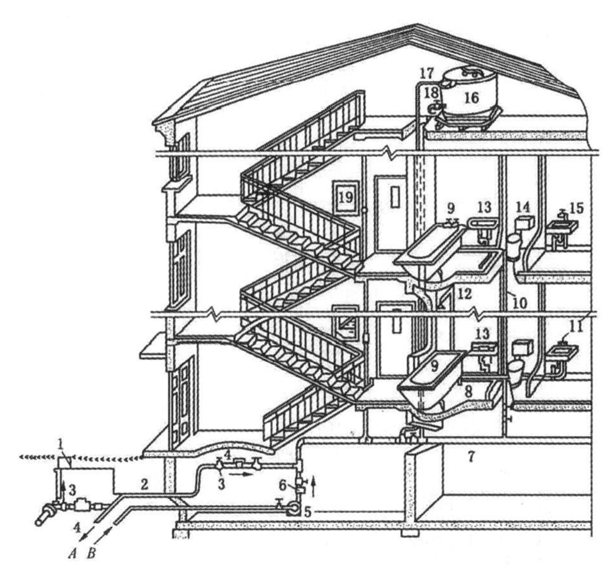

1—阀门井；2—引入管；3—阀门；4—水表；5—水果；6—止回阀；7—水平干管；8—支管；9—浴盆；10—立管；11—水龙头；12—淋浴器；13—洗脸盆；14—大便器；15—洗涤盆；16—水箱；17—进水管；18—出水管；19—消火栓

图4－26 建筑室内给水系统

建筑物内部还应配备消防设备，室内消防系统一般包括消火栓消防系统、自动喷水灭火系统和其他灭火设施。

4.3.2 建筑排水系统

建筑排水系统是将建筑内生活、生产中使用过的水收集并排放到室外污水管道系统的设备。根据接纳的污、废水类型不同，建筑排水系统可以分为生活排水系统、工业废水排水系统和雨水排水系统三类。根据污水与废水的收集方式，建筑内部排水系统可分为分流排水系统和合流排水系统，雨水一般由独立设置的屋面雨水系统收集并排至雨水管渠或地面。

建筑内部排水系统由卫生器具和生产设备受水器、排水管道、清通设备和通气管道组成。部分排水系统还设有污水、废水提升设备以及局部处理构筑物（图4－27）。

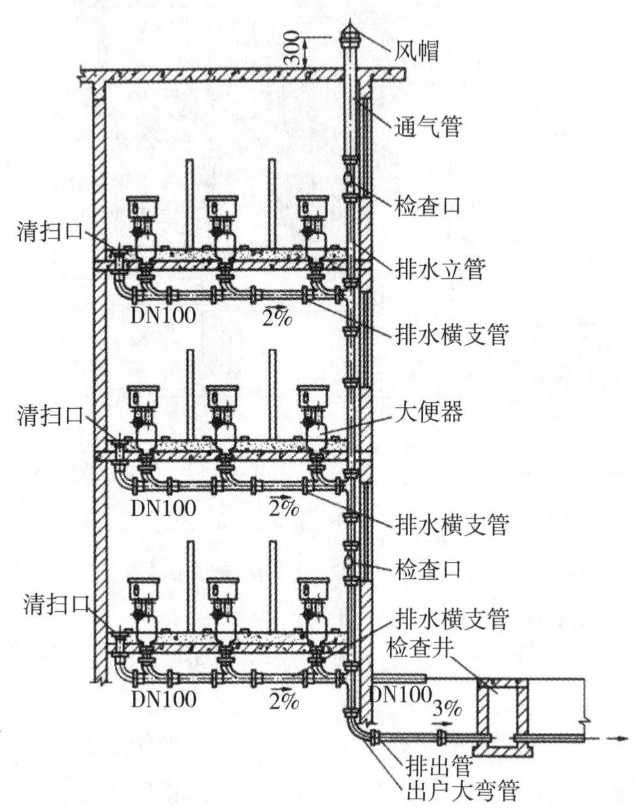

图4－27 建筑室内排水系统

屋面排水是要排除雨水和融化的雪水，需要迅速排除，通过外排水系统或内、外排水系统结合共同排除。

4.3.3 供暖系统

室外温度低于室内时，室内的热量会通过墙壁、门窗、屋顶和地板等房屋围护结构传向温度低的一侧，造成室内热量损耗，同时室外冷空气也会通过门窗缝隙等进入室内，消耗室内热量，因此需要对房屋热量进行补充以维持室内温度，使室内环境满足人的需要，这种向室内提供热量的设备被成为建筑供暖系统。

供暖系统由热源、输热管道和散热设备组成。我国北方多采用集中供暖，由位于建筑外的集中锅炉等热源为建筑提供热量，输热管道和散热设备一般在施工时统一安装（图4－28）。

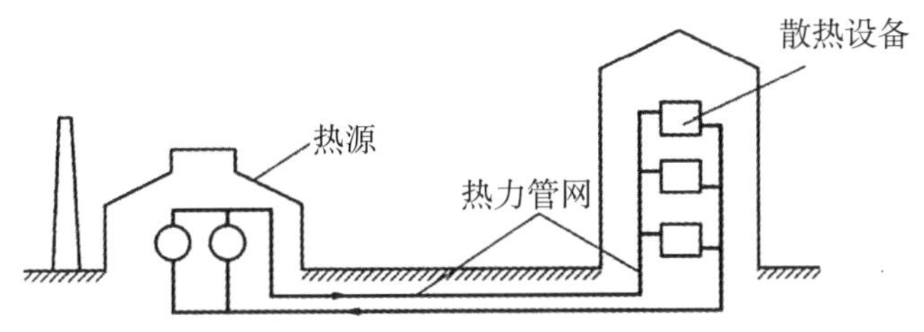

图4－28 集中供暖示意图

4.3.4 建筑通风系统

为了将室外的新鲜空气送入室内，并及时排除和稀释空气中的有害污染物，创造良好的室内空气环境，需要在建筑中设置通风系统。通风系统可采用自然或机械的方法向某一房间或区域输送室外空气，并排出该房间或区域的空气。通过排除建筑内的热湿空气，通风系统还可起到防暑降温的作用，火灾时，建筑通风还能及时排除火灾场所产生的有毒烟气。

多数情况下建筑可以利用本身的门窗进行自然通风换气，当其不能满足要求时则采用机械通风的方法。自然通风依靠室内外温差和建筑高度产生的热压使空气流动，但通风量较小，效果不稳定；机械通风依靠风机提供动力使室内空气流动。机械通风系统一般包括风机、风管和风口（图4－29）。

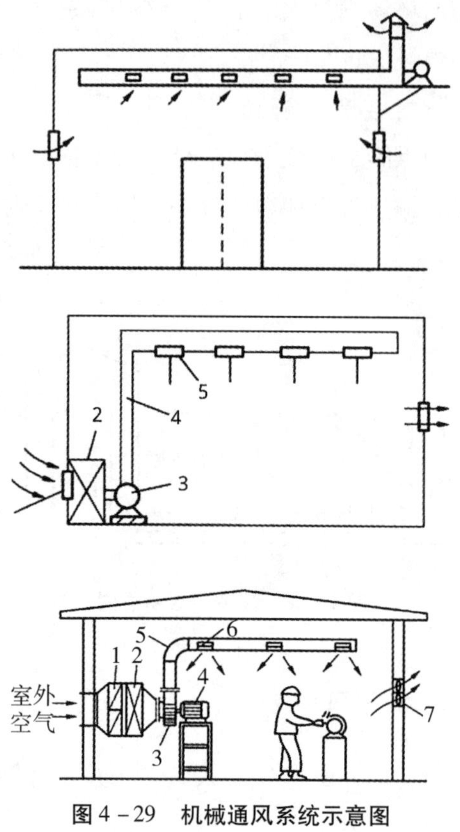

图 4－29　机械通风系统示意图

4.3.5　建筑空调系统及其组成

空调系统包括空气处理设备、空气输送管道、空气分配装置、电气控制部分及冷、热源等。通过空调系统，将室内空气环境予以控制，并维持在一定的温度、湿度、气流速度、清洁度等空气状态参数中，以满足人们生活或生产工艺的需求。室外空气和室内部分循环空气（回风）经过处理后，依次进行过滤除尘、冷却和减湿（夏季）或加热加湿（冬季），达到要求的送风状态时分配入空调房间。送入室内的空气经过吸热、吸湿或散热、散湿后再排入室外或作为回风循环使用（图 4－30）。

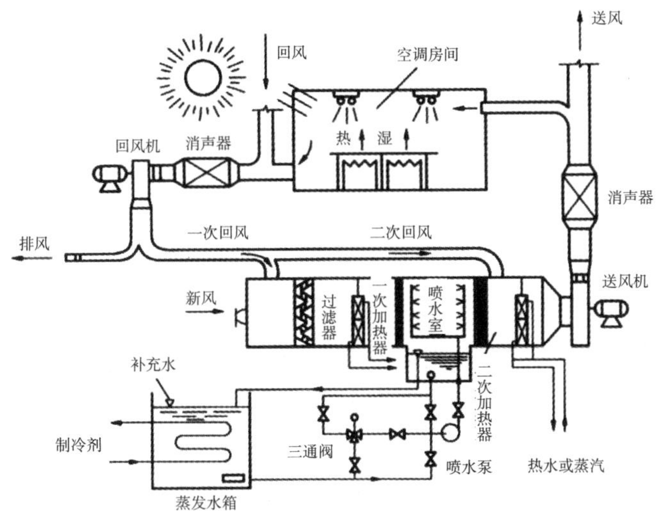

图4－30　空调系统

空调的冷热源与空气处理器应分别单独设置。根据空气处理器的设置位置，空调系统可分为集中式、半集中式和分散式系统。对于不同的建筑类型，应综合考虑多种因素选择空调系统。一般来讲，集中式空调适用于面积大、各房间热湿负荷比较接近的场所，如厂房、会展中心等；半集中式空调一般用于多层、热湿负荷不一致、各空间空气不串通的场所，如宾馆、写字楼等；分散式空调适用于房间面积小，各空调负荷房间位置较为分散的建筑环境。

4.3.6　建筑电气系统

在建筑物内部人为创造并保持理想的环境，以发挥建筑物功能的电工、电子设备和系统统称为建筑电气系统。从电能的供入、分配、输送和使用角度，电气系统可分为供配电系统和用电系统两类。接受电源输入的电能，进行检测、计量、变压后向用户和用电设备分配的系统为供配电系统；建筑照明系统、建筑动力系统和建筑弱电系统为建筑用电系统。

建筑电气照明系统将电能转化为光能的点光源，以保证人们在建筑物内正常从事生产生活等活动，包括电气和照明（例如视觉照明系统和气氛照明系统）两套系统。

建筑动力系统是利用可以将电能转换为机械能的电动机、水泵和风机等设备的运转，为整个建筑提供舒适、方便的生产生活条件而设置的系统。

建筑弱电系统是利用可以将电能转换为信号能的电子设备，保证信号准确接受、传输和显示，以满足人们对各种信息的需要和保持联系的系统。例如电视天线系统、建筑通信系统和建筑广播系统以及火灾自动报警及消防联动系统。

4.4 绿色建筑

绿色建筑，欧洲称之为生态建筑或可持续建筑，美国则称之为绿色建筑，根据我国住房和城乡建设部的定义，将其称之为绿色建筑。

绿色建筑指在建筑全寿命期内，节约资源、保护环境、减少污染，为人们提供健康、适用、高效的使用空间，最大限度地实现人与自然和谐共生的高质量建筑。建筑的绿色性能指涉及建筑安全耐久、健康舒适、生活便利、资源节约（节能、节地、节水、节材）和环境宜居等方面的综合性能。例如，台北桃竹阴园塔，该建筑的雨水收集系统缓解了城市供水系统的紧张状况，垂直的绿化墙，提供了优质空气（图 4－31）。绿色建筑的目标是提供建筑物内部健康的环境，同时大大降低了建筑对环境的影响。近年来颁布实施的绿色建筑规范、标准和指南，对绿色建筑的发展起到了积极促进作用。

图4-31 台北桃竹阴园塔

4.5 智能建造与智能建筑

智能建造是以BIM、物联网、人工智能、云计算、大数据等技术为基础，可以实时自适应于变化需求的高度集成与协同的建造系统。它涵盖了建筑物全生命期的三大阶段：建设、交付和运营。智能建造是一个高度集成多个环节的建造系统，融合了设计、生产、物流、施工和运营等关键环节，在这个建造系统内，各个环节可以实现信息高度共享和业务相互协同，实现建造过程的弹性和效率。智能建造系统由智能设计、智能生产、智能物流、智能施工和智能运营组成。智能设计不仅要考虑建造产品的功能需求，还应考虑智能生产、智能物流和智能施工有效实施的需求；智能设计要实现设计方式与流程的智能化，既能有效评估设计的功能性以及设计对智能生产和智能施工的支撑性，又可以对设计变更、供应变化、工厂或工地环境变化做出快速响应；智能生产和智能施工应实现面向自动化和智能化的生产方式与工艺流程，并适应于设计变更、供应变化、现场环境变化等（图4－32）。

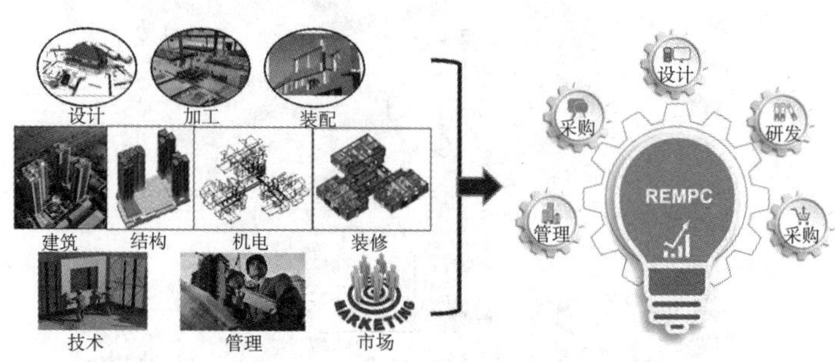

图4－32　智能建造体系

智能建筑是以建筑物为平台，基于对各类智能化信息的综合应用，集架构、系统、应用、管理及优化组合为一体，具有感知、传输、记忆、推理、判断和决策的综合智慧能力，形成以人、建筑、环境互为协调的整合体，为人们提供安全、高效、便利及可持续发展的新型建筑。智能建筑及节能行业强调用户体验，包括办公自动化系统、建筑设备监控系统、火灾自动报警系统、安全防范系统、综合布线系统、智能化系统集成、电源与接地、环境、住宅智能化等设计内容[①]（图4－33）。智能建筑是随着人类对建筑内外信息交换、安全性、舒适性、便利性和节能性的要求而产生的，未来的建筑将越来越关注以人为核心的功能设计，系统多模态融合、多产品形态结合，智能化、平

① 《智能建筑设计标准》GB 50314－2015

台化、集成化将成为智能建筑技术的发展趋势。

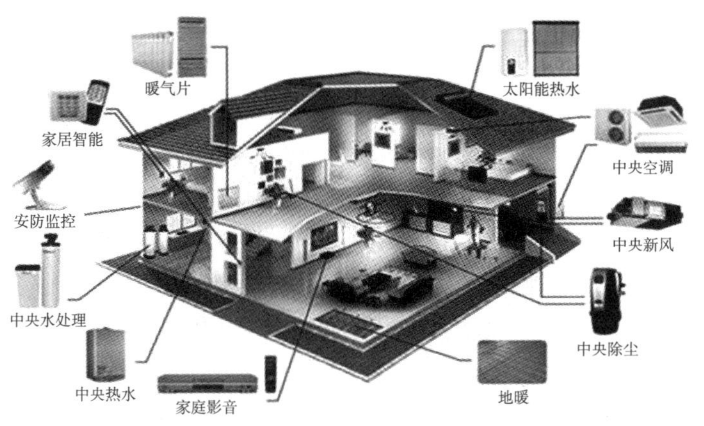

图 4-33　智能建筑示意

本章小结

随着人类改造自然能力的提高以及对材料性能要求的升级，建筑材料由最初可直接从自然获取的茅草、石块、木材逐步发展到砖、瓦、玻璃、混凝土等加工材料，以及之后出现的如钢、高分子材料、复合材料等合成材料，与之相适应的是建筑结构的变化，包括砌体结构、竹木结构、混合结构和钢结构等。建筑设备的完备程度和技术水平也体现了建筑的质量和生活水平的高低。智能建造是一个基于信息化、数字化和智能化，融合了设计、生产、物流、施工和运营等多个环节的建造系统。推动智能建造与建筑工业化协同发展是建筑行业的发展趋势，未来必将在工程建设各环节得以应用，形成涵盖科研、设计、生产加工、施工装配、运营等全产业链的智能建造产业体系。智能建筑的发展将为我们构建一个人类宜居、智能环保的生活工作环境。

第5章　建筑设计入门

"设计"一词在英语中译作"design"，它兼具名词和动词两种词性。我们通常所说的服装设计、产品设计、包装设计、广告设计、手机设计等指的是从事"设计"这项工作的成果；而当我们要描述工作的过程时，我们通常会使用设计服装、设计产品、设计包装、设计广告、设计手机等词汇来表达。在本章中，作为过程的"设计"，即动词"设计"是我们探讨的重点。

《现代汉语词典》中对设计的解释是："在正式做某项工作之前，根据一定的目的要求，预先制定的方法、图样等"。显然"预先"一词成为"设计"最主要的特征。无论任何领域，为"未来"提供计划、方案、图样的，大致都可以称为"设计"。例如服装设计师以"设计"引领流行趋势；产品设计师通过线条、符号、数字、色彩等把产品显现在人们面前。

在上述几章"认识建筑"的基础上，归根结底，"设计建筑"才是建筑师能力的核心，也是建筑学专业学习的最主要内容。建筑设计是一种技艺，古代靠师徒承袭、口传心授；当今我们通过设计实践来学习，提高建筑设计能力需要长期的积累和锻炼。本章主要从建筑设计的过程、建筑设计的内容、建筑设计成果的表达等方面作一些关于建筑设计操作的介绍。

5.1　建筑设计的过程

设计是一个创作的过程，完成一件设计作品有一定的程序，设计就是把一种抽象的思维变成现实的操作过程，具有创造性的特点。一座建筑的设计过程往往起始于一个概念，随着设计的深入，建筑内部功能的需求、外部的造型、材料的使用以及热工、通风与照明方式等都需要进行全面的深化设计。总之，设计的过程会因人及其他因素而不同，但大致可以包括四个不同的阶段：设计前期、方案设计、初步设计、施工图设计，即从业主提出设计任务书到提交方案再到完成施工图、工地配合直到交付使用的全过程。这四部分在相互联系的基础上又有着明确的职责划分，方案设计担负着确立建筑的设计基本意图并将其形象化的职责，初步设计和施工图设计则是在方案设计的基础上逐步落实经济、技术、材料等物质要求，将设计意图转化成真实建筑的阶段。在建筑学本科学习阶段，大部分建筑设计课程的要求和深度更多集中于方案设计阶段，初步设计和施工图设计阶段的训练主要通过建筑师的业务实践来完成。

5.1.1 设计前期

建筑设计的前期工作是一个建设项目从提出开发设想到做出最终投资决策的工作阶段。这一阶段的设计前期工作，是建筑师接受业主委托，独立或协同业主进行建设项目的前期启动准备工作。国外建筑市场的设计前期工作的主要任务是在设计前期阶段建筑师受雇于业主，协同业主进行场地分析、项目立项及可行性研究等，并协助业主拟定建设项目设计任务书。国内建筑师在设计前期工作中的主要任务是：参与项目建议书、可行性研究报告、项目评估报告的编制；同时协同业主为建设项目进行建筑策划，拟定建设项目的设计任务书，以及申报立项和立项批准后的一系列其他设计前期工作。

设计任务书是确定工程项目和建设方案的基本文件，在实际项目中，“设计任务书”一般是由建设单位或者业主依据使用计划与意图而提出，经过审批而作为方案设计主要依据的文件，也是编制设计文件的主要依据，其深度应能满足开展设计的要求。其内容主要包含这样几类信息：①项目概况（包括项目名称、位置、组成、规模及设计范围，项目场地现状等）；②设计依据及必须提供的资料（包括可行性研究报告，审批部门批准设计项目的文件，现状地形图，建设行政主管部门对项目的要求等）；③设计要求（包括功能、造型、主要技术经济指标以及需要解决的主要问题等）；④设计成果内容及深度要求；⑤设计进度要求。

建筑设计的课堂中，在进行设计之前，同学们都会接到一份“设计任务书”，“设计任务书”是方案设计的基本依据，也是评价设计方案的重要参考，除了对基本的设计内容做出要求外，具体课程设计中的“任务书”还会对设计成果、设计进度有要求。一般来说，建筑设计系列课程的任务书通常由以下几部分构成：①选题背景；②学习目的；③设计内容；④设计要求；⑤成果内容和要求；⑥进度要求；⑦参考书目；⑧附件：地形图等。

5.1.2 方案设计

经过设计前期对相关资料和信息进行分析和整理，确定设计概念后，接下来的工作就是如何紧紧围绕着设计构思，通过适宜的建筑手段将其转化为具体的建筑方案。建筑方案设计阶段侧重于建筑内外空间组合设计和环境空间设计。主要是对建设场地做出统一的规划和安排、对建筑单体的平面功能流线及房间做出布局和考虑、对建筑立面和建筑造型进行总体把握。根据《建筑工程设计文件编制深度规定》的要求，建筑方案设计的文件和成果包括建筑设计说明书、预算书和图纸两个部分，其中相关建筑设计图纸包括总平面图、各层平面图、剖面图、立面图、效果图、模型等（图5－1）。

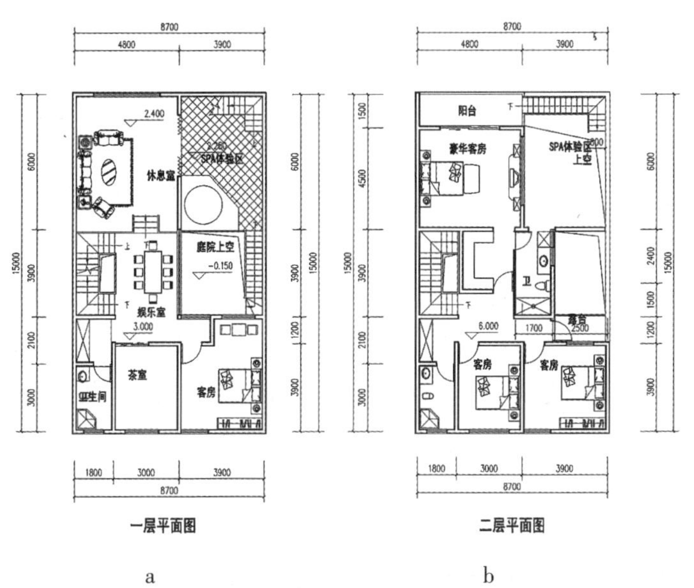

a　　　　　　　　b

c

图5－1　方案设计深度图纸示例

5.1.3　初步设计

在深入研究的基础上，提出总平面布置及建筑设计图，确定设计构造、设备及外观，提出总的说明及概算，初步设计内容应能满足编制施工图设计文件以及初步设计审批的需要。

初步设计的图纸及设计文件包括：设计说明书（包括设计总说明和各专业的设计说明书）；相关专业的设计图纸（建筑专业图纸包括：平面图、立面图、剖面图）；主要设备及材料表；工程概算书。

对于建筑专业来说，初步设计图是建筑方案设计图纸的进一步深化，初步设计图要求能表现出建筑中各部分、各使用空间的关系和基本功能要求的解决方案，包括建筑中水平和垂直交通的安排，建筑外形和内部空间处理的意图，建筑和周围环境的主要关系，以及结构形式的选择和主要技术问题的初步考虑。这个阶段的设计图应能清晰、明确地表现出整个设计方案的意图（图 5－2）。

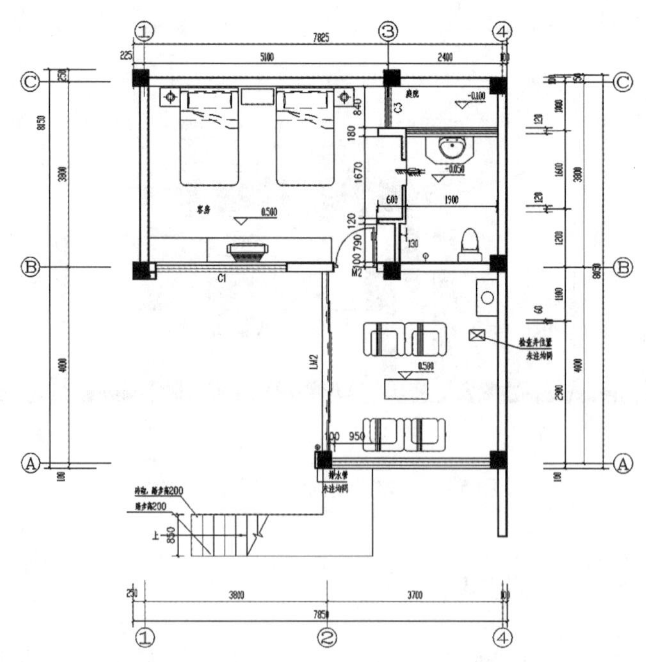

a. 一层平面图

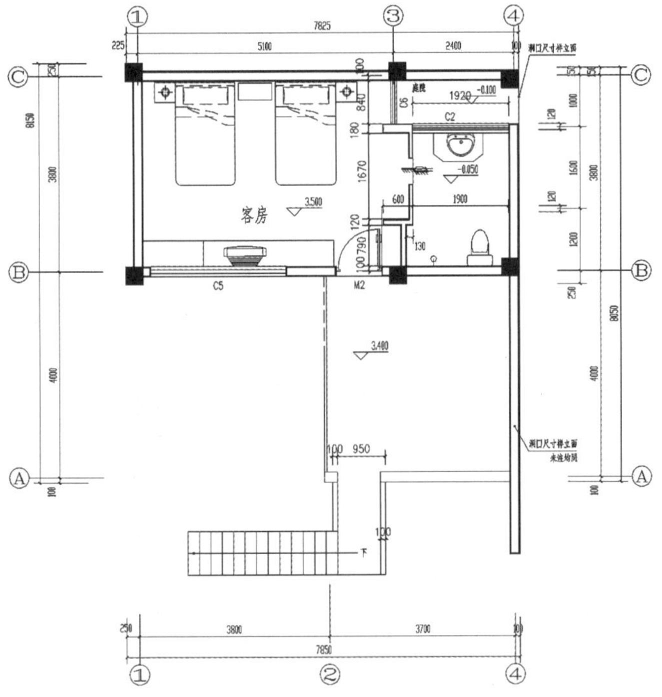

b. 二层平面图

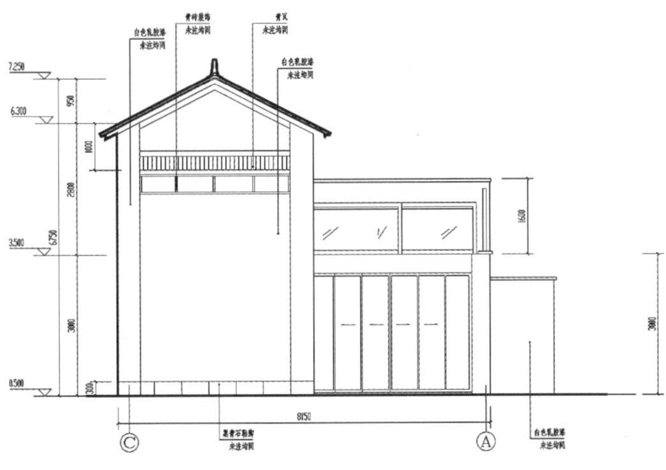

c. 立面图

图 5－2 初步设计深度图纸示例

5.1.4 施工图设计

施工图设计是根据已批准的初步设计或设计方案而编制的供施工和安装的设计文件，是整个设计过程中设计最完善、表达最细致的图纸（图 5－3）。

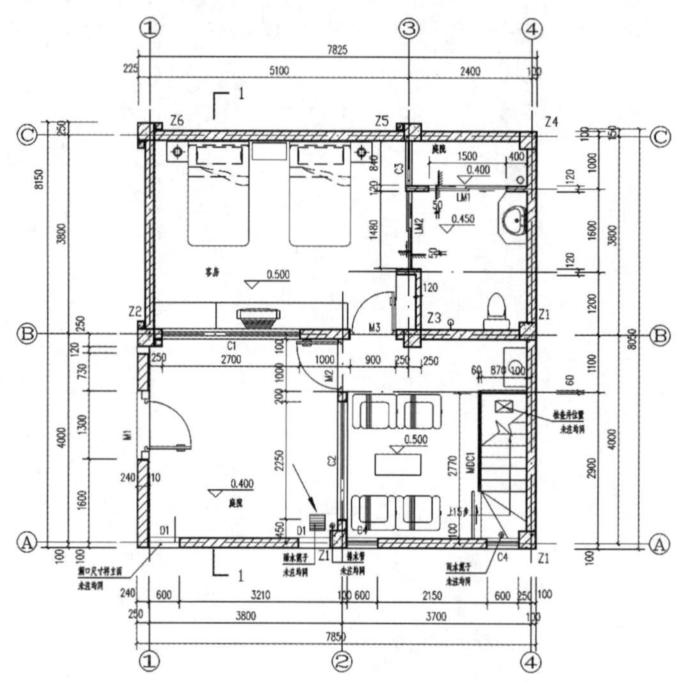

a. 一层平面图

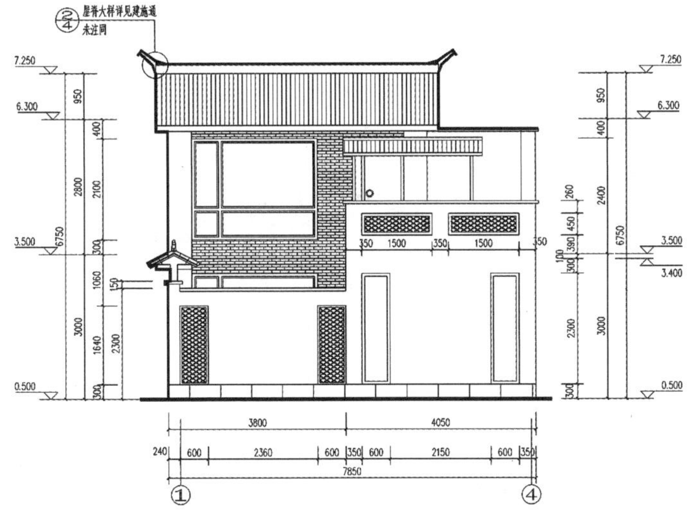

b. ①－④立面图

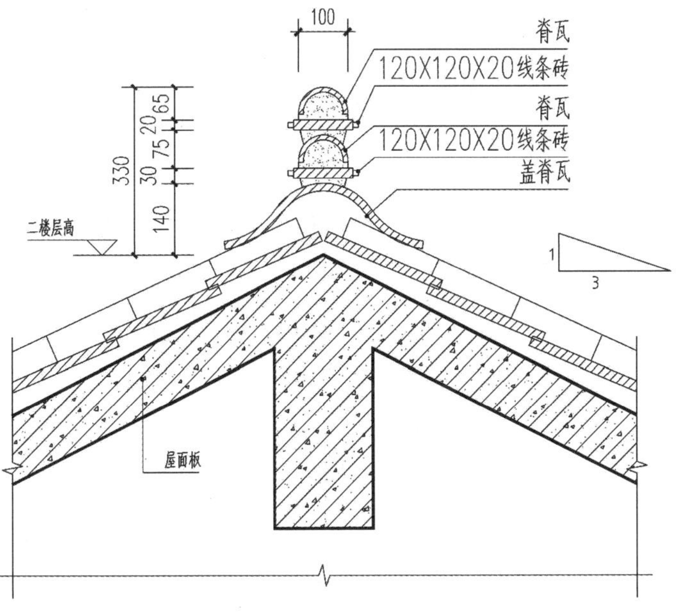

c. 大样图 1

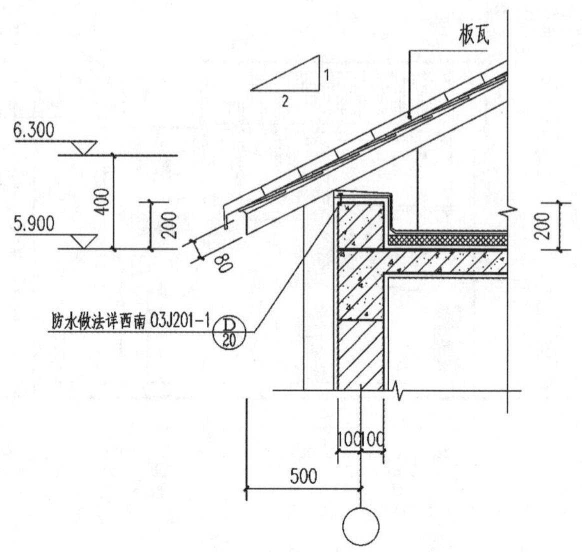

d. 大样图 2

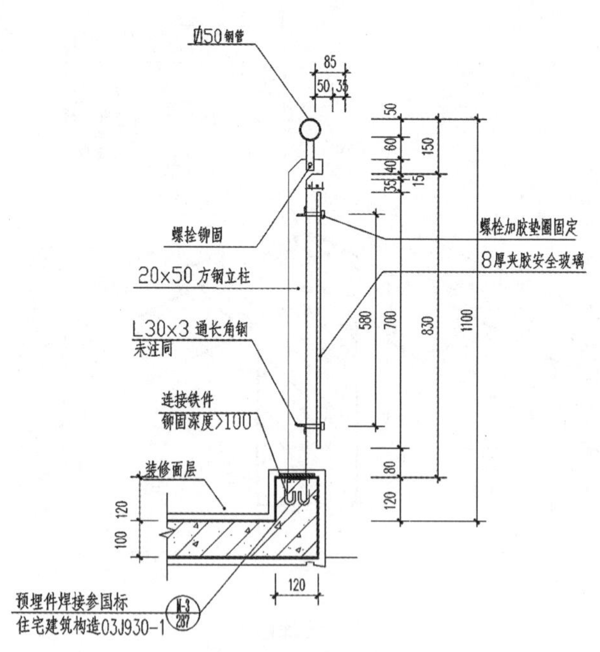

e. 大样图 3

图 5－3　施工图设计深度图纸示例

施工图设计的主要任务是满足施工要求，即在初步设计或技术设计的基础上，综合建筑、结构、设备各工种，相互交底、核实核对，深入了解材料供应、施工技术、设备等条件，把满足工程施工的各项具体要求反映在图纸中，做到整套图纸齐全统一、明确无误。

施工图设计文件的深度应满足以下要求：能据以编制施工图预算；能据以安排材料、设备订货和非标准设备的制作；能据以施工和安装；能据以工程验收。

施工图设计的图纸及设计文件有：建筑总平面图；各层建筑平面、各个立面及必要的剖面；建筑构造节点详图；各工种相应配套的施工图纸；建筑、结构及设备等的说明书；结构及设备设计的计算书；工程预算书。

关于施工图设计文件编制深度规定的细则，可查阅中华人民共和国住房和城乡建设部文件《建筑工程设计文件编制深度规定》。

5.2 建筑设计的内容

在本章第一节中，对建筑设计的基本过程和阶段作了简要的介绍，每个阶段的设计内容侧重点不同，并且与前后阶段设计内容有一定的关联。譬如，方案设计过程中的平面设计主要关注的是功能布局和交通流线的合理性，初步设计中的平面设计主要是轴网尺寸的定位，施工图设计中的平面设计主要解决的是施工中墙体、门窗洞口等的平面定位问题。

一套完整的建筑设计方案包括哪些内容，又需要做到哪种深度呢？在建筑学本科建筑设计课程中，基本不涉及初步设计和施工图设计阶段的深度，因此，本章的设计内容只针对方案设计阶段深度而言，主要从设计构思、总平面设计、建筑平面设计、建筑剖面设计、建筑立面与造型设计几个部分作基本介绍。

5.2.1 设计构思

“万事开头难”！作为初学设计的建筑学专业的学生体会尤其深刻，如何着手开始做设计？相当一部分建筑学新生往往觉得毫无头绪。但是我们一旦能“开个好头”，无疑会对接下来的不同设计阶段有很大的促进作用。建筑设计的首要任务就是要按照设计任务书的要求，明确设计的条件，通过对设计要求、场地环境、经济因素和规范标准等内容的分析研究，为设计构思确立基本的依据。

我们通常会通过解读设计任务书，对场地进行调研和分析，提出设计立意，对即将要开始的设计进行总体把握，这便是建筑设计构思的内容。

（1）场地调研和分析

克里斯蒂安·诺伯格·舒尔茨在他的著作《场所精神——迈向建筑现象学》一书中阐述了建筑的基本作用在于“理解场所的召唤”。当“建筑物汇集于场所的特质并且使这些特质贴近于人类”的时候，建筑就获得了诗歌的特征。通过对场地的调查分析，可以较好地把握、认识基地环境的质量水平及其对建筑设计的制约和影响，分析哪些条件因素是应该充分利用，哪些条件因素是可以通过改造得以利用，哪些条件因素又是必须回避的。总之，建筑与场地之间的相互作用是产生建筑方案的基本动力，一个合理的建筑方案离不开对基地的分析。

对于建筑师而言，基地分析不仅是根据有关部门提供的地形图，以自己的符号记下实地观测中得到的补充信息，从而丰富和加深对场地的理解，以自己独特的视角去观察问题、描述场地状况的过程，同时也是对建筑场所的特定因素进行分析而得出设计想法的过程。对基地的分析需要从以下几个方面入手：

①分析和调查基地周围交通状况、道路等级等，以便对地块内外的交通组织有一个总体把控和安排。

②分析基地的现状自然条件，包括场地的基本高程、坡度、坡向、植被等，可以作为不同用途的限制条件。

③对基地及其环境的生态和小气候进行分析，包括日照和风向分析等。

④分析基地内外景观视线的方向，综合考虑各种因素，确定出基地内外最佳的视点和视廊。

另外，基地分析还应该收集城市规划的设计条件，了解规划部门对基地的使用性质、红线退让、日照间距、建筑限高、容积率、绿地率、建筑密度等的要求，市政基础设施的分布、城市的人文环境和基地周围的建筑风格等；以及对地方文化风俗、历史名胜、地域传统等人文环境方面的内容予以分析和考量。综合以上各方面，通过建筑师对场地的理解和把握，将局限性的消极条件转化为积极条件，为后续的设计工作奠定基础。图5－4为拟建小别墅的基地分析图，其中包括了场地地形、局地气候、视域、功能分区及现状可利用资源分析。

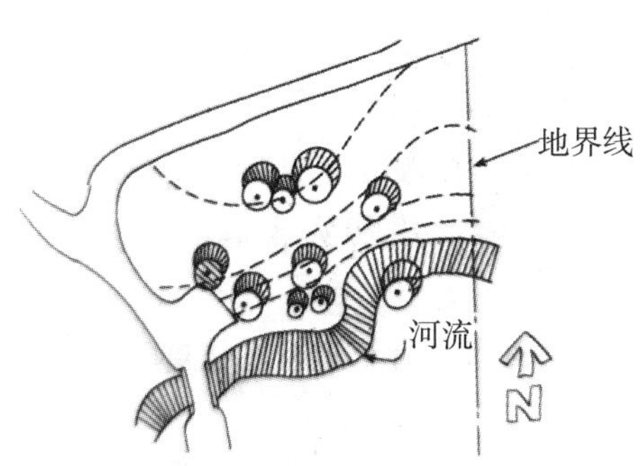

a. **基地现状**

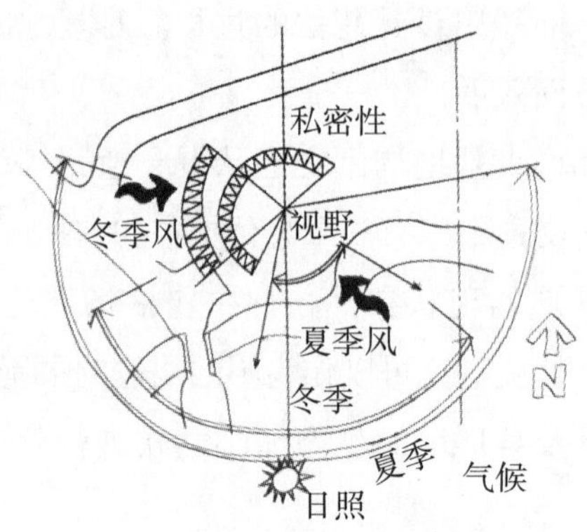

b. 气候对场地的影响

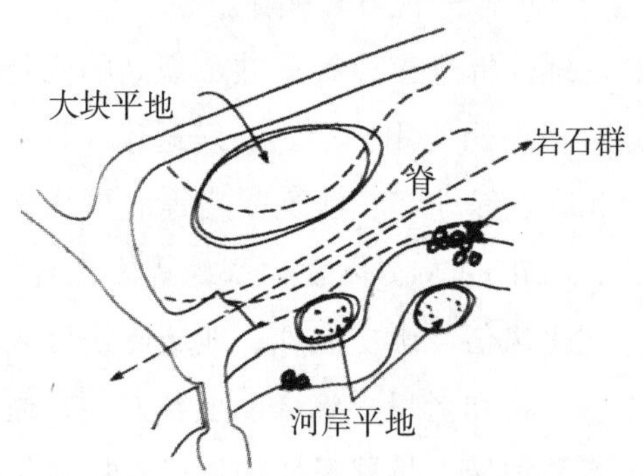

c. 场地资源分析

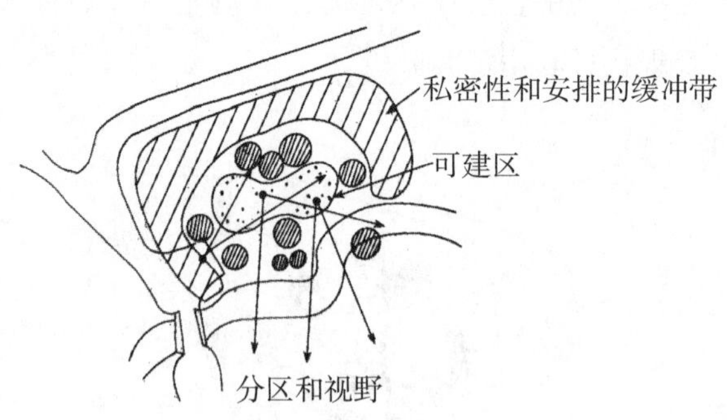

d. 场地分区及视野分析

图 5－4　某拟建小别墅场地分析图

（2）设计立意和构思

设计的前期阶段，教师常常会这样问学生：你这个设计的主题是什么？idea 在哪里？教师口中的“主题”和“idea”就是设计立意。立意是艺术作品创作的主题，所谓“意在笔先”，它是建筑师在充分了解设计条件和要求的基础上形成的总的设计意图，是设计作品的基本想法和思想内涵，也是构思的起点。一个优秀的建筑设计，是充分发挥想象力并不断完善的结果。需要强调的是，立意虽然是方案设计初期充分发挥想象力和创造力的阶段，但是立意并不是天马行空的胡思乱想，设计立意是对现实条件进行理性分析的结果，同时要具有可实施性。在建筑设计实践中，设计立意形成于对设计任务书的充分解读和对场地的调研和分析。有的时候，过程可以是逆向的，设计立意的形成先于场地分析，然后通过场地分析和调查再去修正这些思想，使之更加精准。

构思是整个方案设计中的重要环节，是在立意的基础上，方案从无到有的诞生过程；是以一定的设计手法和语言将立意转化成实际方案，试图和实现立意、解决问题、将精神产品转化成具体的物质形式的过程。在构思的过程中，始终要有整体和立体空间的概念，构思的过程往往也体现在方案设计的整个环节。具体的方案构思有很多切入点，一般可从以下几个方面考虑：①以地形和环境为切入点进行构思；②以功能为切入点进行构思；③以建筑形象和造型为切入点进行构思；④从问题导向切入进行构思（图5－5、5－6、5－7、5－8、5－9）。

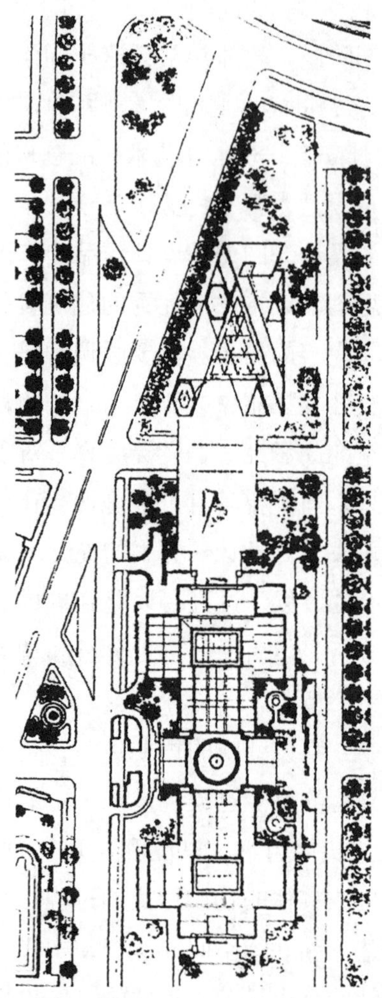

图5－5　华盛顿国家美术馆新馆与老馆的轴线关系

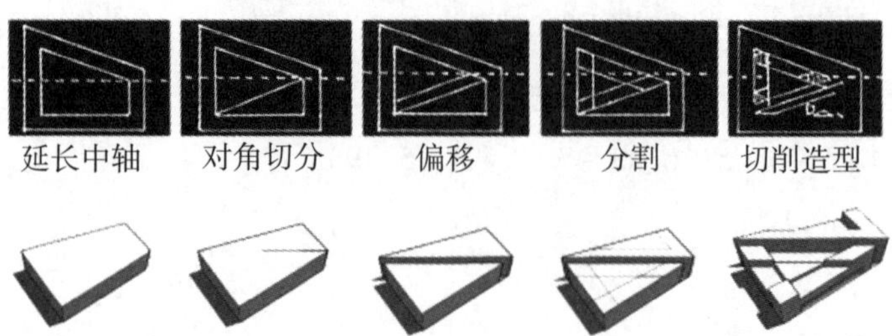

图5－6　华盛顿国家美术馆新馆形体构思过程

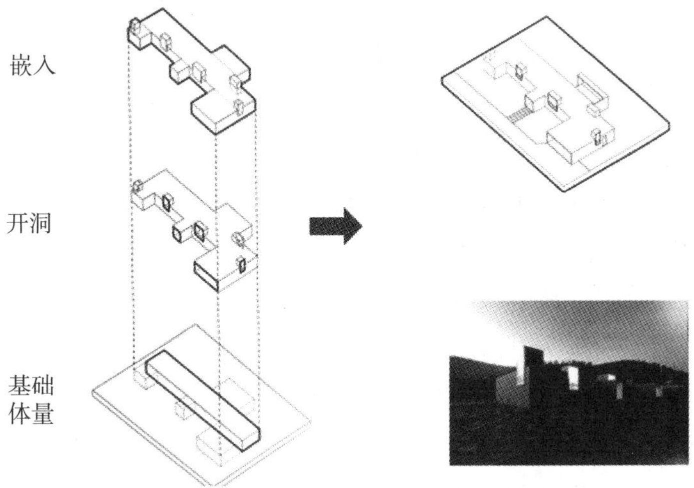

图 5－7　卢瑟纳斯住宅建筑构思的过程

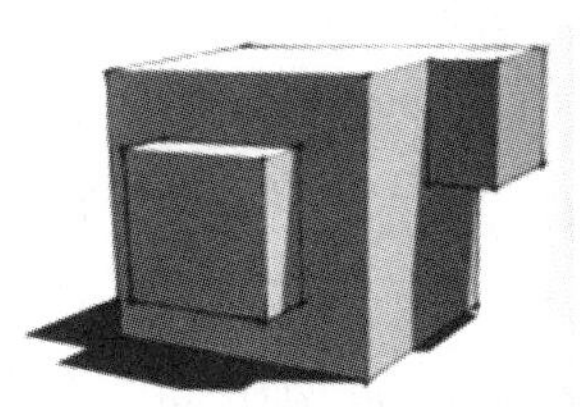

位于西班牙马德里的卡拉班切尔居住区的设计构思以建筑造型为切入点，运用建筑造型中增生和侵蚀的手法运行构思。

图 5－8　卡拉班切尔居住区的设计构思

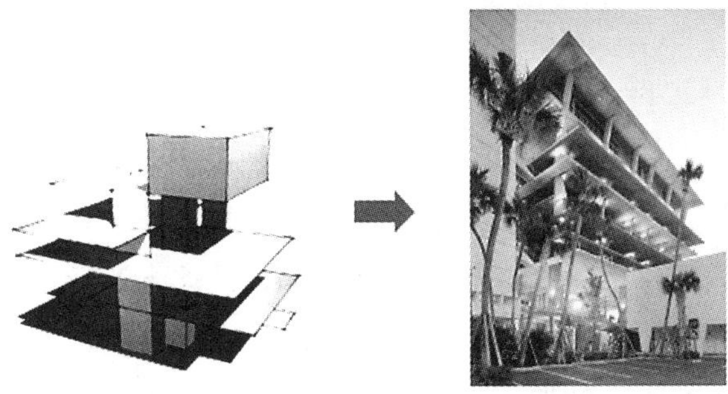

图 5－9　迈阿密林肯路 1111 号停车楼的设计构思

华盛顿国家美术馆新馆（东馆）的建设基地位于老馆（西馆）的东面，地形是使建筑师颇难处理的不规则四边形。东望国会大厦，南临林荫广场，北面斜靠宾夕法尼亚大道。设计面临的主要问题就是如何处理建筑形态与周围环境的关系，矛盾是既要与传统历史环境相和谐，又要体现时代特征。因此场地环境、建筑的布局、整体形象、材质、色彩、造型等都是设计构思的出发点。

建筑师贝聿铭接受设计任务后，对问题进行充分分析，从场地和环境、建筑形象和造型以及问题导向切入并展开设计：

• 老馆（西馆）长轴的对称轴线延长至新馆的场地；

• 一条对角线穿过梯形的直角顶点，将用地划分为一个等腰三角形和一个直角三角形，这条线成为东馆设计的发端；

• 切割建筑形体，达到“新”与“旧”的呼应与融合。

对于卢瑟斯住宅，设计师以长方体为基础体量进行空间体量操作构思，以功能需求和景观视线为依据，在基础体量上进行开洞，最后根据造型和采光需要迁入小体量，完成以功能和造型为切入点的设计构思（图5－7）。

5.2.2 总平面设计

（1）识读建筑总平面图

所谓建筑总平面图，是对建筑基地内包括建筑、环境、道路等在内的所有物质要素所作的正投影图。总平面图是主要表示整个建筑基地的总体布局，具体表达新建房屋的位置、朝向以及周围环境（原有建筑、交通道路、绿化、地形等）基本情况的图样。

（2）总平面图设计要略

总平面图设计的内容比较多，归纳为以下几个部分：

①建筑物的布局

总平面图设计的首要内容就是要确定建筑物的布局，也就是建筑物的位置和形态。项目的性质、规模和其他限制条件均会对建筑物的位置和形态造成影响，反过来，合理的建筑布局不仅能达到建筑物功能和美观上的平衡统一，还可以节约能耗。例如在北方寒冷地区，建筑物的布局应满足冬季日照并防御寒风的要求，避免冬季不利的主导风向，尽量将建筑物布置在场地的北部区域，开放空间最好布局在建筑物的南边，以获得更多的日照时数；在南方炎热地区，总平面设计中建筑物的朝向和布局应该有利于防止夏季太阳辐射和利用夏季有利的主导风向，使建筑物获得更多的自然通风条件。其次，还要考虑建筑物的采光、通风、保温和防晒等因素，合理安排群体布局和建筑朝向。另外，观演建筑和体育建筑等对疏散用地有特殊要求的建筑类型的总平面布局，需要充分考虑主入口前的人群集散空地，这些与建筑性质相适应的特殊要求决定着总平面的基本格局。

②场地环境布局和交通组织

总平面图设计作为设计过程的关键环节之一，要充分满足：功能与形态、卫生与舒适、安全与经济、环境与景观等方面的综合要求。除了确定建筑物的位置和形态等布局因素之外，总平面图设计还应综合考虑场地内人流、车流、物流的交通组织，合理规划布置消防集散场地、车行（包括消防车）道路、地下停车场出入口，地面停车场地（机动车和非机动车）；在场地内合理布置绿化、水面、室外活动场地、儿童游戏场、健身设施用地等室外休闲活动场地。

（3）总平面图设计案例

详见图 5－10、5－11。

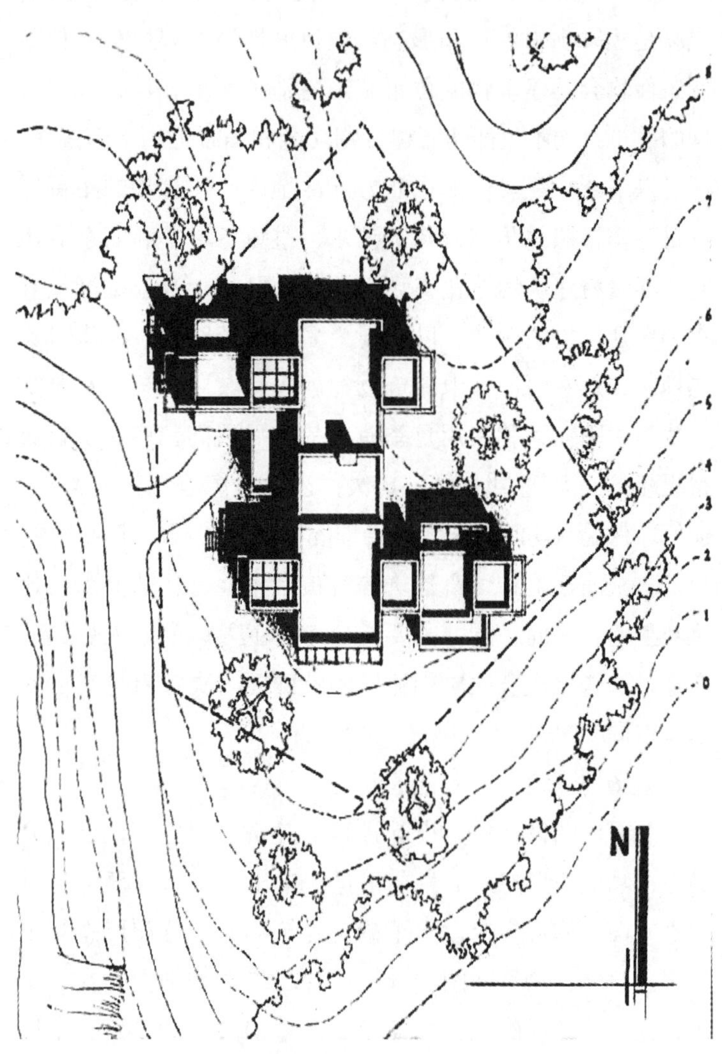

图 5－10　某别墅方案总平面图设计案例

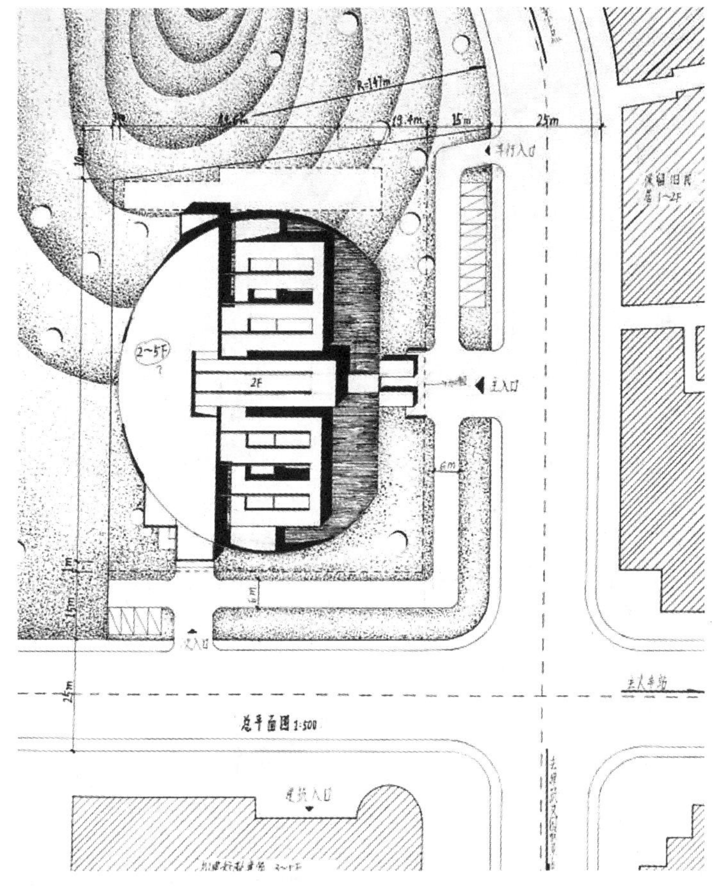

图 5－11　某博物馆方案总平面图设计案例

5.2.3　建筑平面设计

建筑学专业的同学在校期间最重要的学习内容之一便是建筑方案设计，建筑设计系列课程的最主要内容也是建筑方案设计。就学习的过程和特点而言，建筑方案设计又以建筑平面设计为基础，在建筑设计的课堂上，教师和学生均会花费相当比重的时间和精力在建筑平面的设计和优化调整上面。柯布西耶曾在《走向新建筑》中指出：“平面是一切的开端，没有平面便没有目标的宏伟，没有外在风格，没有韵律、体量，甚或凝聚的力量……平面可启发观者无限的想象，也可能蕴涵着严谨的纪律。平面是决定一切的关键。”

功能、结构和艺术是现代建筑的三大问题，其中，平面功能组织（根据建筑性质和用途合理地安排空间布局）是根本，也是建筑的本质属性。初学者除了要会识读建筑平面图之外，还需要关注和掌握平面功能流线设计和交通空间设计两大问题。

（1）识读建筑平面图

着手“设计”建筑平面图之前，应该从认识建筑平面图开始。

建筑平面图是如何生成的呢？从它的定义我们可以略知一二。建筑平面图是用一假想的水平剖切面沿门窗洞口位置或者距离地坪（楼板）高度1.0m～1.5m左右的位置将建筑剖切后，移除切面以上的部分，对剖切面以下的部分所作的水平投影图，建筑平面图反映建筑物或构筑物的墙体、门窗洞口、楼梯、地面以及内部功能布局等情况（图5－12）。

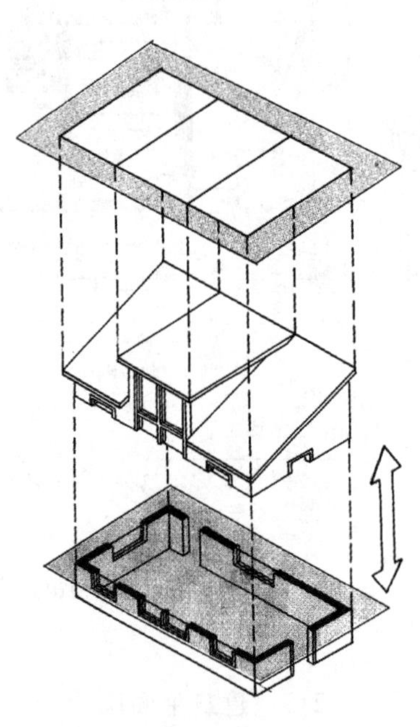

图5－12　建筑平面图的生成

其中剖切到的房屋轮廓实体以及房屋内部的墙、柱等实体截面用粗实线表达；其余可见的实体，例如窗台、台阶踏步、未剖到的隔断、栏杆、门扇、窗玻璃、室内家具等的轮廓线用细实线表达；用虚线来表达上层的中空部分的边缘以及上层雨篷等突出构建的投影。此外，建筑平面图的尺寸标注线一般为二道尺寸线，第一道尺寸线表达的是建筑物外轮廓的总尺寸，第二道尺寸线表达的是结构柱网的尺寸、开间的尺寸以及墙体的厚度等。

一般说来，建筑有几层就应该绘制几个平面图，并在每层平面图的下面标注相应的图名；当建筑平面图中的若干楼层平面布局、构造状况等完全一致时，可以用一个平面图来表达相同布局的若干层，称为“建筑标准层平面图”。建筑平面图通常用的比例为1∶100、1∶150或者1∶200。

（2）建筑平面图设计的内容要略

①平面功能流线

总的来说，常规的建筑平面概括起来可分为主要使用空间、辅助空间和交通空间三大部分（图5－13）。

我们在识读建筑平面图中，看到建筑师用粗的双实线表达墙体、用三条或四条细实线表达窗户、还用一些特殊的符号（如门扇、剖切线等）、数字甚至色彩来表达自己的设计，那么这些线条、数字、符号、色彩的位置、形态是怎么确定的呢，搞清楚这个问题，其实就是对如何“设计”建筑平面图进行了回答。

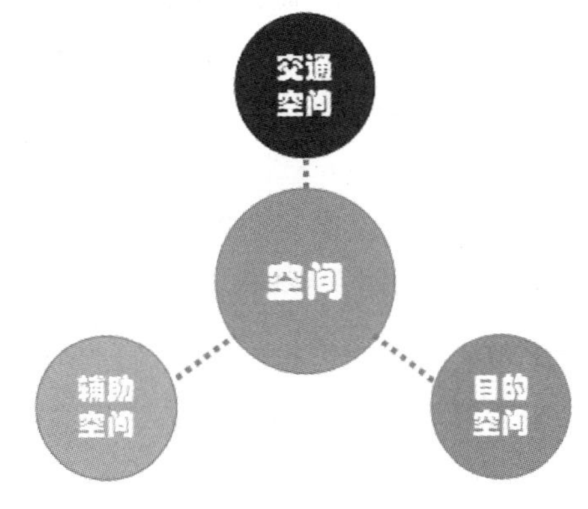

图5－13　建筑平面空间组成

建筑平面图设计的首要问题便是平面功能流线设计，对于初学设计的建筑系同学来说，借助“情景模型”来进行平面功能分析和流线设计是一个行之有效的设计手段。

让我们用一个案例来验证一下，如何设计一个市民博物馆呢？不妨来回忆一下你参观博物馆的经历吧：

> 你与其他参观者陆续抵达。
>
> 好多人在排队，原来是要先过安检门，确保你没有携带违禁和危险物品，然后跟着队伍一直往前走。墙面、地面、吊装在天花板的指示牌一直给你指引，你很容易就进到了各个主题展厅看展，有的展厅展览的是图片，有些展厅展览的是实物，如果展览的是恐龙骨架的话，展厅会有2－3层那么高。从一个展厅到另外一个展厅毫不费劲，你只需要跟着指引LOGO走就可以把展览看完，看完展览后你发现你已经身处你刚刚抵达的地点，在这里你可以买到一些和展览主题相关的纪念品或者文化创意的纪念品，离开之前也可以来杯咖啡……

以上这段文字，心理学家称之为“情景模型”，是指记忆中或经验中的一种特定知识结构。建筑师可根据在建筑场所内所发生的情景再现来进行建筑平面的空间组合设计，场所内发生的实际情景对应着相应的建筑空间。例如博物馆的门厅需要安检的功能，门厅里还需要考虑纪念品销售的空间，一些简餐和咖啡的休息空间，参观博物馆需要设计若干展厅，需要设置公共卫生间，这些称为博物馆的参观流线部分；展品需要根据主题定时更换和修复，所以会有存放展品的仓库、技术修复室等，仓库和展厅之间需要有相对独立的便捷的通道，这是博物馆的馆藏部分；博物馆的工作人员需要若干办公空间来办公，也需要独立于公共部分的卫生间，这就是博物馆的后勤部分。

综合各种因素，把参观流线部分、馆藏部分和后勤部分用走廊、门厅、中庭等连接起来，便完成了平面流线设计图到平面图的转化。

②交通空间

当我们布局好平面功能分区和流线设计，明确了每个功能区域的主要使用空间和辅助空间后，需要用一个“载体”把它们联系成一个整体，这个“载体”便是“交通空间”。

在课程设计任务书中，有确切的需要设计的房间的功能、面积，把这些面积全部相加后，通常达不到建筑总面积的要求，那么，这部分“消失”的面积去哪里了呢？这部分面积除了结构（墙、柱等）所占的面积之外，主要就是交通面积了。交通空间的部分通常不会在任务书中明确规定，却是平面设计中必不可少的一部分。

在内容上，建筑物的交通空间可分为：水平交通空间（如走道、走廊等）、垂直交通空间（如楼梯、电梯、坡道等）和综合枢纽空间（如门厅、过厅以及门厅、过厅与楼电梯组合的枢纽等）三种形式。一般说来，这三种交通空间同时存在于任何一个建筑中，构成了建筑物的内部交通系统。

①楼梯

楼梯的基本功能是联系处于不同高度上的两个平面，具有垂直方向上的人流疏散和导向的作用。根据形态可分为：直跑式、双跑式、螺旋式、弧形楼梯。楼梯的位置分布根据动线上的人流量和使用频度的不同，分为主要楼梯和次要楼梯。主要楼梯一般位于门厅或入口附近，便于方便快捷地引导人员进出，通常还要兼顾形态造型的美观性；相比之下，次要楼梯的位置较为隐蔽，甚至难以让人察觉到它的存在。

②走廊

走廊是建筑物中的线式通道，从形态上看，走廊有直线的、曲线的和折线的；从所处位置看，走廊有内走廊和外走廊之分；无论哪种形式，走廊的设计都有长度和宽度的控制问题。医院门诊的走廊有候诊功能，因而走廊的宽度相对较大；办公楼的走道，功能为人员的交通联系，较少人员停留，因而走廊的宽度相对较小；中小学教学楼的走道，需要考虑课间休息活动的需要，所以走廊除宽度较大外，局部还要考虑供学生活动的平台。

③坡道

与楼梯的功能类似，坡道是联系处于不同高度上的两个平面，有的公共建筑因某些特殊的功能要求，需要设置坡道，以解决交通联系问题。尤其是交通性质的公共建筑，常在人流疏散集中的地方设置坡道，以利于人员的安全快速疏散要求。

（3）建筑平面设计案例

详见图 5－14、5－15。

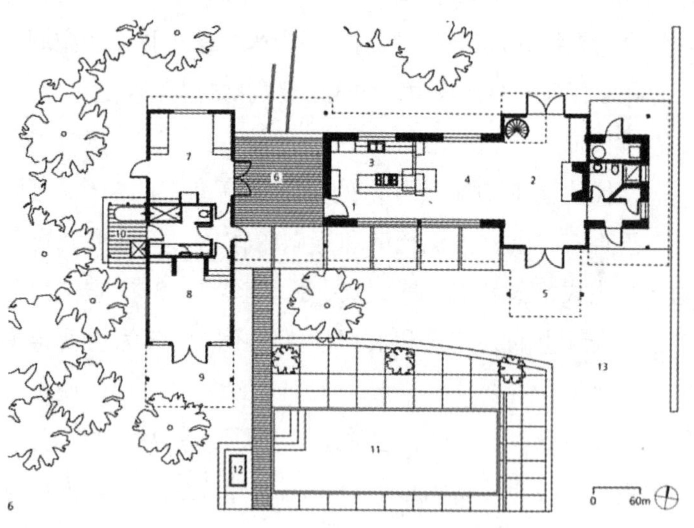

图 5－14　某别墅方案平面设计

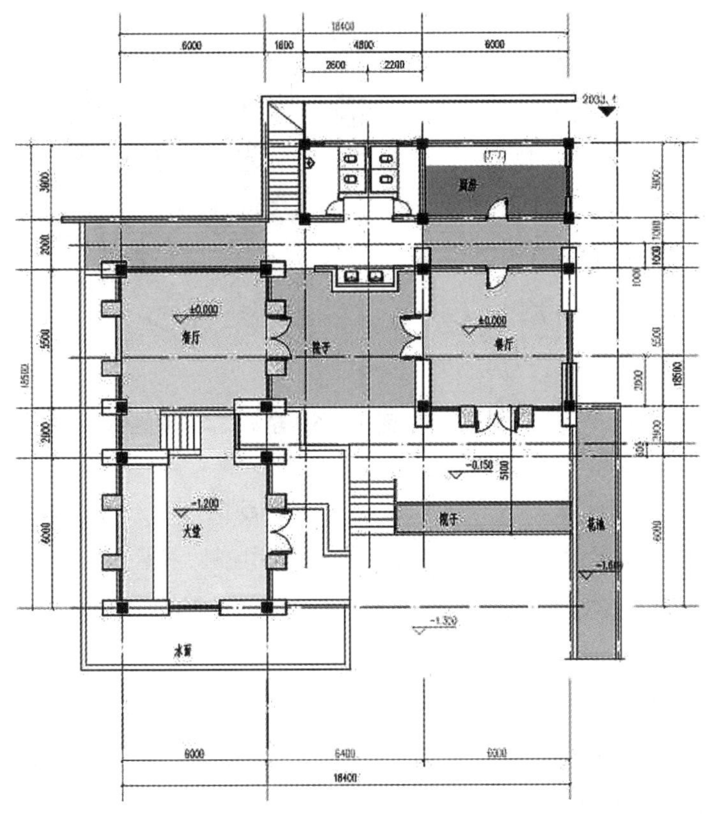

图5－15 某小型酒店大堂平面设计

5.2.4 建筑剖面设计

（1）识读建筑剖面图

与建筑平面图类似，剖面图也是空间的正投影图，是建筑设计的基本语言之一。建筑剖面图是假想用一个垂直于外墙轴线的切面把建筑物切开，对切面以后部分的建筑形体作正投影图，反映的是建筑物屋顶、梁、楼面板、楼梯板、墙体等的位置，对于复杂的建筑平面，还可以借助剖面图来表现形体轮廓及空间高度上的变化（图5－16）。

为了区分清楚剖切到的实体和看到的形体，通常用粗线来表示切到的实体，例如墙体、楼板、楼梯板、屋顶、梁等切到的实体；用细实线来表达看到的轮廓线，例如空间中的柱子、门窗洞口的轮廓、平行于剖切面的梁等。

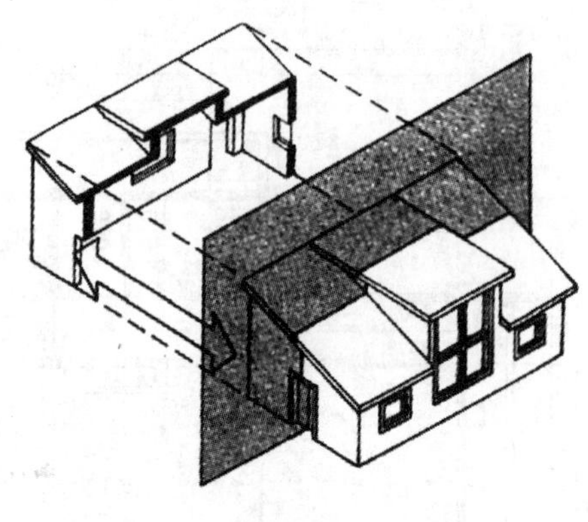

图5－16　建筑剖面图的生成

一般来说，一座建筑设计方案的剖面图不少于两个，分为横剖面和纵剖面，剖切面的位置用剖切线来表示，每个位置上的剖面图应与剖切符号相对应，以方便读图。

（2）建筑剖面图设计的内容要略

剖面图反映了建筑内部空间在垂直维度上的变化以及建筑的外轮廓特征。在设计剖面图时，要注意竖向空间的变化，包括以下几方面的内容：

①建筑物的室内外高差

由于建筑物建成后，建筑物有自然沉降的现象，同时为了防止雨水倒灌进入建筑物的室内，通常要在建筑物入口部位处理一定大小的高差，可以是台阶也可以是坡道，高差的大小应综合考虑地形、交通运输和经济性因素等情况。

②建筑物的层高

建筑物的层高指的是楼面之间的距离高度值。一般的平屋顶建筑中，层高指的是从房屋楼地面的结构层表面到上一层楼地面结构表面之间的距离；坡屋顶建筑中，层高反映的是楼地面至屋顶结构支撑点之间的距离。

③建筑物的总高度

建筑剖面设计中应直观地反映出建筑物的总高度。对于平屋顶建筑，建筑物的总高度指的是室外地面至建筑物屋面的距离；对于坡屋顶建筑，建筑物的总高度指的是室外地面至建筑物檐口的距离。建筑物局部升起的楼梯间、电梯机房、排气井等可不计入建筑物的总高度。

（3）建筑剖面图设计案例

详见图5－17、5－18。

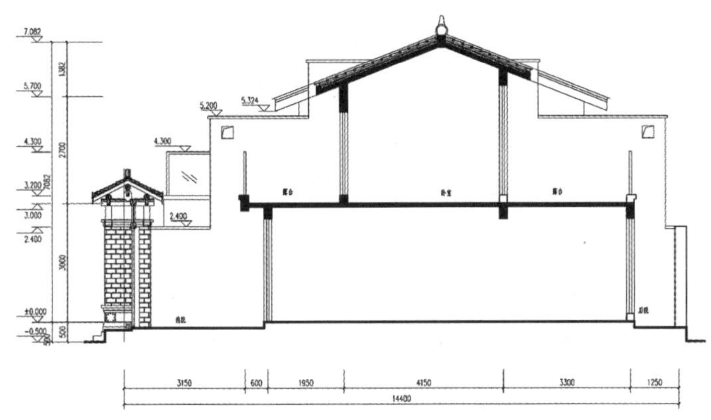

图5－17　某小型住宅方案剖面设计

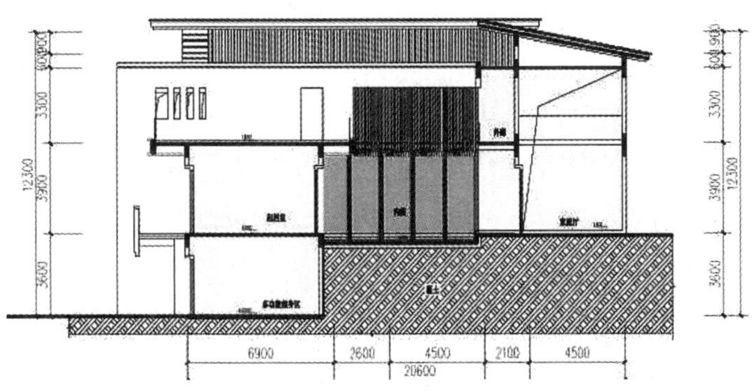

图5－18　某山地别墅方案剖面设计

5.2.5 建筑立面设计

如果把建筑物比拟为人体，那么建筑物的立面就相当于人所穿的衣服。衣服的色彩、风格体现着一个人的性格、气质、品位，是向外界展示自我个性的有效载体，得体的穿着会留给人们良好的第一印象。当人们靠近和认识建筑物时，第一眼看到的是建筑的外立面，有时会听到这样的评价："啊！我喜欢这栋红砖的建筑"，"哇！这样的造型让我耳目一新，很有创意！"或者"嗯，这栋建筑的样子我不太喜欢，太保守了！"人们以此来描述对建筑物的第一印象，正如得体的穿着给人留下好的印象，建筑物的外立面的形象在一定程度上指引着人们继续探究建筑空间的好奇心，同时，建筑物的外立面还是城市街道的"界面"的构成要素。

与平面设计类似，立面设计也是建筑方案设计的重要内容之一。在建筑课程设计中，一般的设计程序是先确定平面功能流线，再着手立面和造型设计，可是，这样的过程往往也是可逆的，在建筑方案构思的过程中，有的时候先初步确定建筑立面设计和造型，再返回去调整平面设计的情况也很常见，一个成熟的建筑设计方案，是反复调整和完善的结果。

（1）识读建筑立面图

建筑立面图是对建筑物的外观所作的正投影图，它是一种平行视图（图5-19）。习惯上，把反映建筑物主要出入口或面向街道的一面称为正立面图，其余的分别称为侧立面图和背立面图。按照建筑物所处的方位，建筑立面图可分为南立面图、北立面图、东立面图和西立面图。

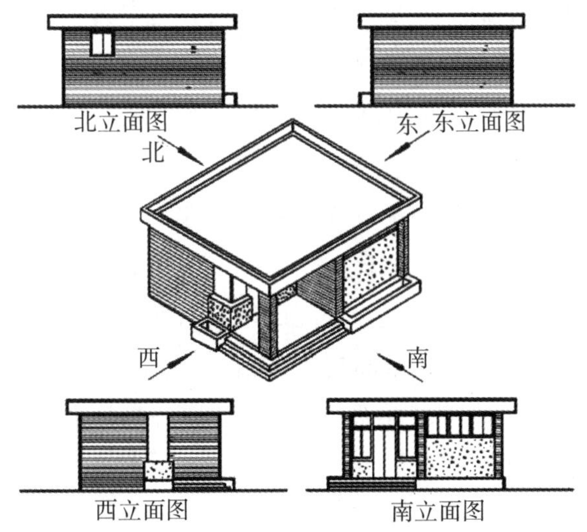

图 5－19　建筑立面图的生成

立面图主要反映的是建筑物的整体轮廓、外观特征、屋顶、门窗、雨篷、阳台、台阶等构件的位置和形状等内容。建筑物的整体外轮廓和地面线用粗实线表达，其余用细实线表达。在方案设计阶段，通常会在建筑立面图上绘制阴影来表达建筑体量的透视和前后关系；在适当的位置加人物、植物、交通工具等配景作为建筑立面尺度的参照物。

（2）建筑立面图设计的内容

不同的建筑由不同的空间组成，其形状、尺寸、材质、色彩也不尽相同，在立面上反映出建筑的不同气质，一般说来，在进行立面设计时主要从以下几个方面来考虑：

①功能与形式

19 世纪美国著名建筑师路易斯·沙利文曾提出“形式追随功能”的观点与理念，认为设计应主要追求功能，物品的表现形式随功能而改变。“形式追随功能”已成为现代主义建筑中的设计准则之一。在越来越多元化的当代建筑设计时代，设计手法层出不穷，形式表达中真实性要求和反映内在功能的要求虽然已经不是建筑立面构成设计的唯一要求，但仍然是最基本的准则。

②虚实关系

建筑造型的目标和过程是以实求虚，在一般的立体构成作品中，“空间”的概念是一种“间隙”、一种透明感或一种通过影像等平面技术处理而达到的立体幻觉或错觉效果。在建筑作品中，空间与实体相互依存、对立统一。虚与实之间的基本逻辑关系是以实求虚，好的建筑造型是追求虚实形态的统一美。

③立面形式美的规律

立面和造型设计归根到底还是从属于视觉设计的范畴，在对建筑进行造型设计时应遵循形式美的规律。比例与尺度、统一与变化是建筑立面设计最基本的美学规律。

• 比例与尺度

比例是指建筑物各部分之间在大小、高低、长短、宽窄等数学上的关系。尺度则是指建筑物局部或整体，对某一固定物件相对的比例关系，因此相同比例的某建筑局部或整体，在尺度上可以不同。

• 统一与变化

建筑外部形体的艺术形式，离不开统一与变化的构图原则，即从变化中求统一，从统一中求变化，并使两者有机结合。设计者一般应注意构图中的主要与从属、对比与协调、均衡与稳定、节奏与韵律等方面的关系。

（3）建筑立面设计案例

详见图 5－20、5－21、5－22、5－23、5－24、5－25、5－26。

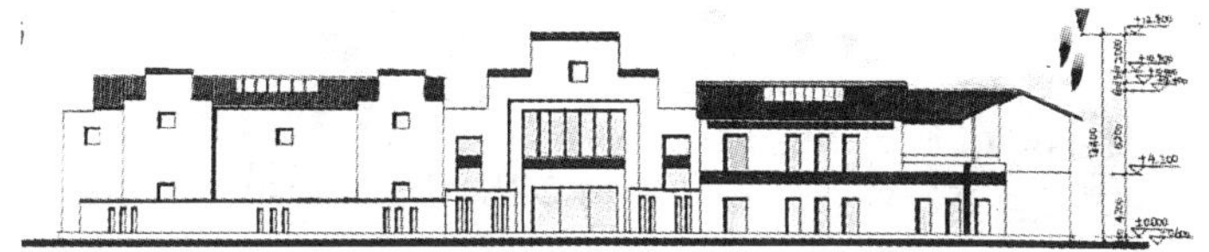

图 5－20 某博物馆方案建筑立面设计图

图 5－21 某博物馆方案建筑立面设计图

图 5－22 某度假酒店大堂设计方案南立面图

图 5－23 某度假酒店内庭院设计方案东立面图

图 5－24 某博物馆方案建筑立面设计图

图 5－25　某博物馆方案建筑立面设计图

图 5－26　某博物馆方案建筑立面设计图

5.3　建筑设计的表达

建筑设计是一个抽象思维向具象思维转化的过程，建筑师需要借助一定的“载体”来将设计的思维过程或最终的成果传达出来，这就是设计的表达。对于建筑师来说，建筑图纸和模型是传统的表达设计意图的“载体”，随着信息时代的到来，表达的形式也出现了多样化的特征。

5.3.1　建筑图纸的表达

作家用文章来传递信息，作曲家通过谱写乐曲来表达自己的情感，画家通过画作表现自己的思想，建筑师则通过建筑图纸表达设计思想。一方面，建筑师借助图纸与他人交流自己的设计思想，表达自己的设计意图；另一方面，建筑图纸是建筑师思考问题、落实解决方案的途径。就不同阶段和作用来说，建筑图纸可分为建筑草图、工具制图和计算机制图。

(1) 草　图

建筑、服装、动画等不同的设计领域在思考着不同的目标，但是只要与“设计”有关的，都离不开草图。建筑设计草图，简称草图，是指在建筑设计过程中，设计师徒手绘制的有助于形成设计构思、比选设计方案的图纸，主要包括构思草图和记录草图（图5－27）。

图5－27　建筑师眼中的草图

①工具

每位建筑师对于设计草图都有自己的偏好，有自己擅长的工具，通常用铅笔、钢笔、针管笔、马克笔、彩色铅笔等来绘制草图，用于绘制草图的纸可以选择草图纸、硫酸纸、水彩纸、绘图纸等等。对于初学者来说，铅笔是一个不错的选择，这是因为铅笔有可擦可抹的优点，便于随时修改；同时，由于铅笔质地疏松，笔触可以表现得可粗可细、可轻可重，画出的草图表现力丰富。画铅笔草图最常用的纸是拷贝纸，也叫草图纸，质地薄而柔，具有半透明性，便于贴在另一张草图纸上修改设计，使设计不断走向深化。

推荐的绘图工具

●铅笔（软铅，2B－8B）

●软的、非尖锐笔尖的钢笔

●彩色铅笔

●毡头笔（避免有毒的颜料）

●绘图笔（适合于熟练的绘图者）

推荐的绘图和草图用纸

●多功能速写本（大和小各一本）

●光滑的绘图纸，或专为铅笔和彩铅制作的纸

●粗糙的、有吸水力、较重的水彩画纸

●拷贝纸（可有淡淡的颜色）

②构思草图

安藤忠雄说：“草图是建筑师就一座还未建成的建筑，与自我还有他人交流的一种方式。建筑师不知疲倦地将想法变成草图，然后又从图中得到启示：通过一遍遍不断地重复这个过程，建筑师推敲着自己的构思。他的内心斗争和‘手的痕迹’赋予草图生命力。”由此可见，草图是建筑设计构思过程的开始，在建筑设计构思的过程中，建筑师通过草图将头脑中模糊的、不确定的设计意向逐渐明朗化，将构思灵感以及设计的想法及时记录下来。正是对草图的不断思考、比较，建筑方案才得以成形。可以说，草图决定了建筑设计方案的基本格局，是建筑设计构思阶段中最重要、最关键的手段。

建筑构思草图的表达是建筑师设计思维快捷、真实的反映，作为建筑师表达思考的工具，在徒手勾画草图时应充分利用它的特性，最大限度地促进设计者的创作思维。构思阶段的建筑草图主要有三个特性：不确定性、真实性

和概括性。

不确定性是设计草图的基本特性，这种模糊的、开放的特性有助于帮助我们思考。例如概念设计阶段的草图便具有不确定性，它反映的是建筑师对设计发展方向做出的多方面、多层次的探索，此时草图表达的意向是模糊的，体现的是创作思维的开放性和多种可能性（图5－28、5－29）。

图5－28 扎哈．哈迪德的草图

图5－29 圣地亚哥．卡拉特拉瓦的草图

不同于纯艺术的想象和再现，建筑草图要求真实地反映设计中的建筑实体和空间，所以，设计者所追求的应该是预想中的真实。草图的真实性包括对建筑尺度与比例、光影关系、透视变形、材质色彩等的真实把握（图 5－30、5－31、5－32、5－33）。

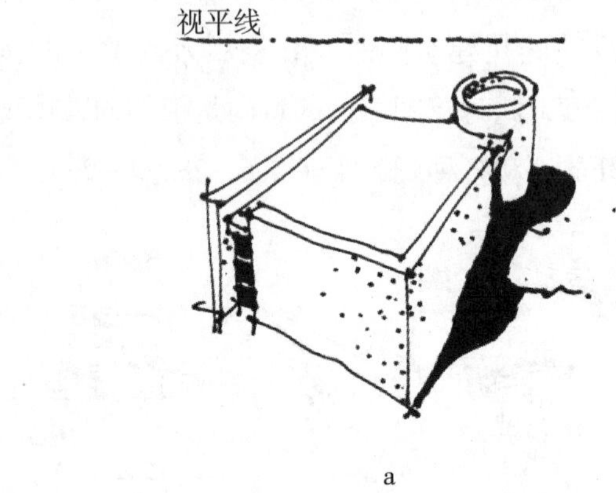

a

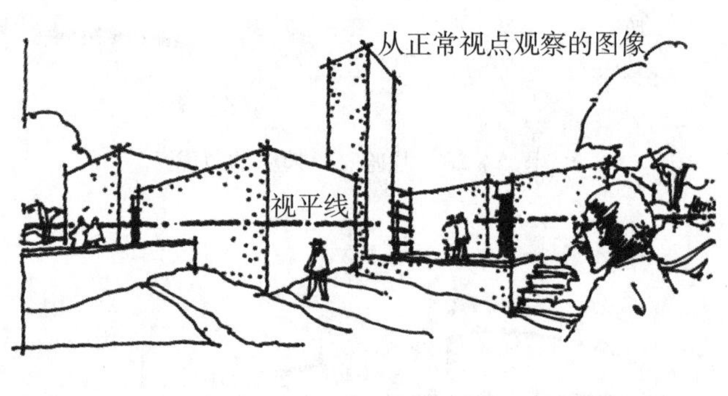

b

图 5－30　不同视平线下的草图

图 5－31　草图中人的比例关系

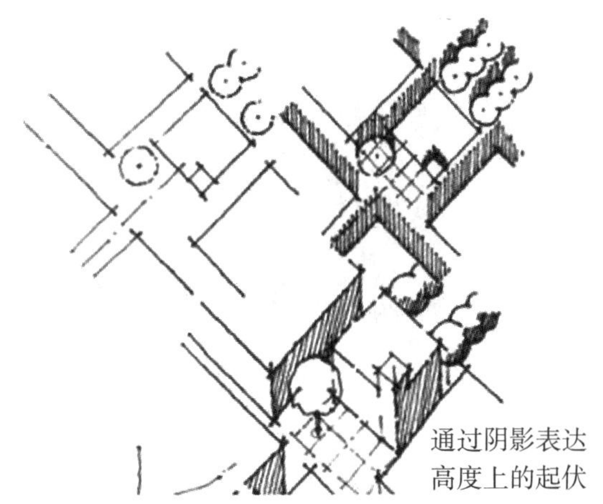

图5-32 草图中的阴影表达光影关系

图5-33 草图中的玻璃材质的表达

构思阶段的草图还具有概括性的特点。设计草图是建筑设计的图示化思考，在繁杂的设计过程中，需要学会取舍、分清主次、抓住关键（图5-34）。

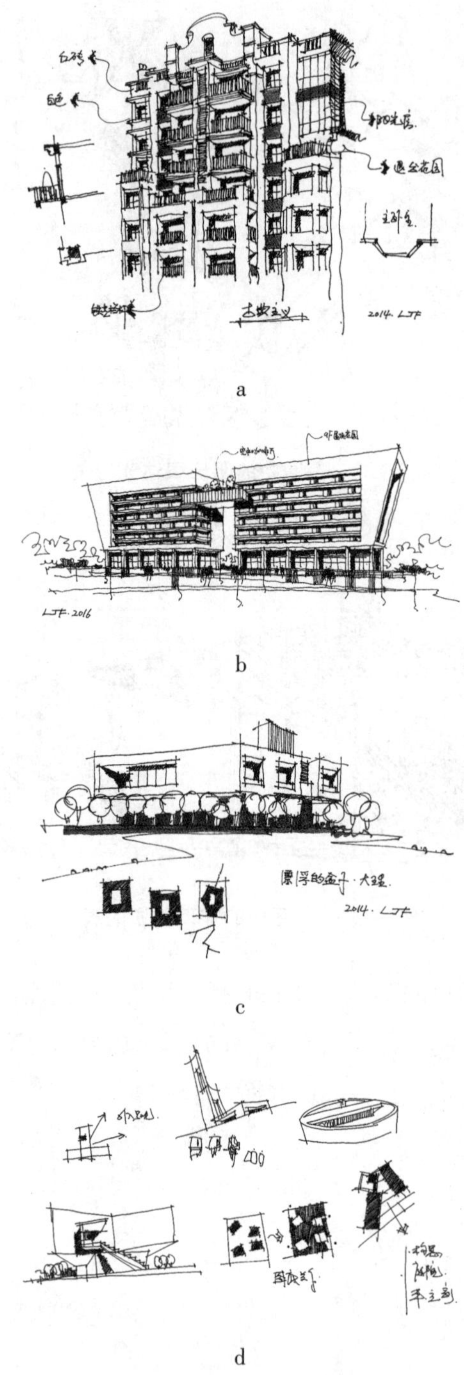

图 5-34　设计构思草图的表达

②记录阶段的草图

建筑草图除了是构思推敲设计的强有力工具以外，建筑师通常还利用徒手绘制的草图来收集设计素材、记录灵感的闪现。回忆一下，在一年级的建筑设计基础课堂上，教师会要求学生准备一个方便携带的小本子（速写本），随时记录下生活中观察到的好的设计。这样的图示笔记包含有独特的个人理解与思考，对于设计资料的积累、设计灵感的生成，具有非常重要的作用（图 5 - 35）。

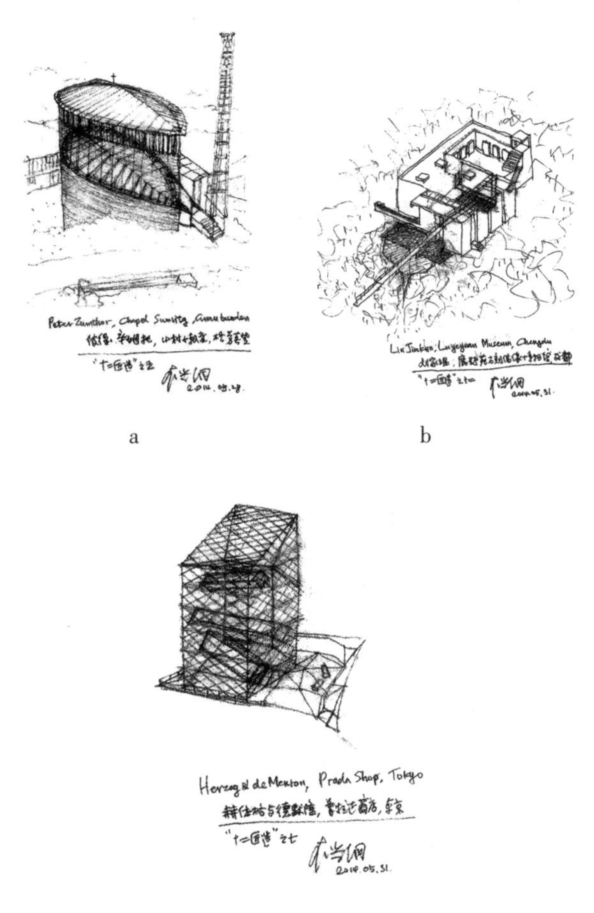

a　　b

c

图 5 - 35　建筑师旅行中的草图记录

建筑师的“图示笔记”具有记录和分析的功能（图 5 –36）。

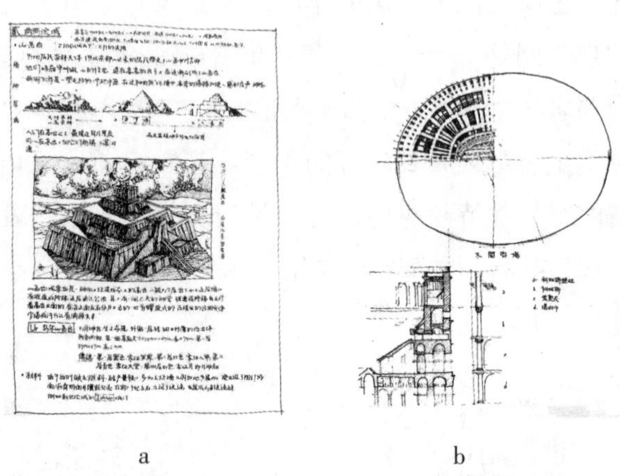

a　　　　b

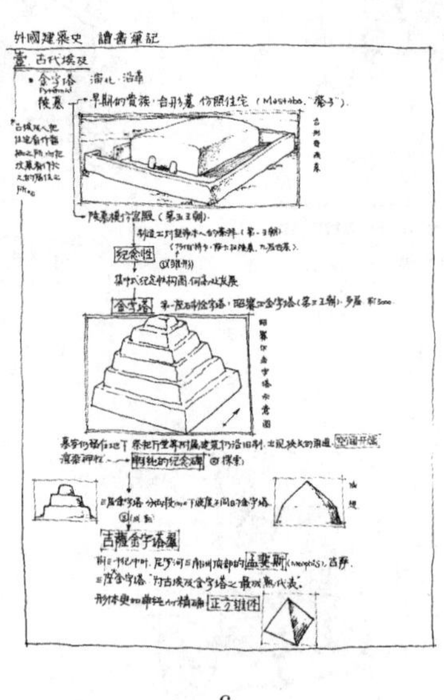

c

图 5 –36　建筑系学生的学习笔记

（2）建筑工具制图

建筑工具制图是运用图板、尺规等工具，按照建筑制图标准和建筑表达内容的要求，按一定的比例，用准确、清晰的铅笔或墨线图示语言来表达建筑设计信息的图示语言之一。与建筑草图类似，工具制图同样具有表达设计意图、实现与他人交流信息的作用（图 5－37、5－38）。建筑工具制图常用的工具有图板、丁字尺、三角板、圆规、分规、针管笔、比例尺、建筑模板、曲线尺等。

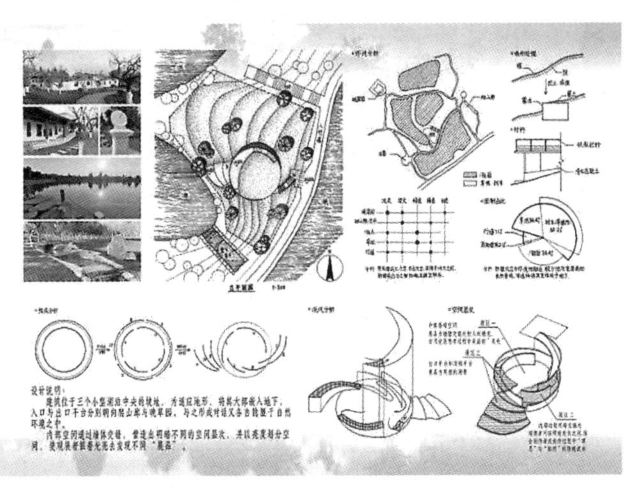

a

b

图 5－37　尺规作图表达

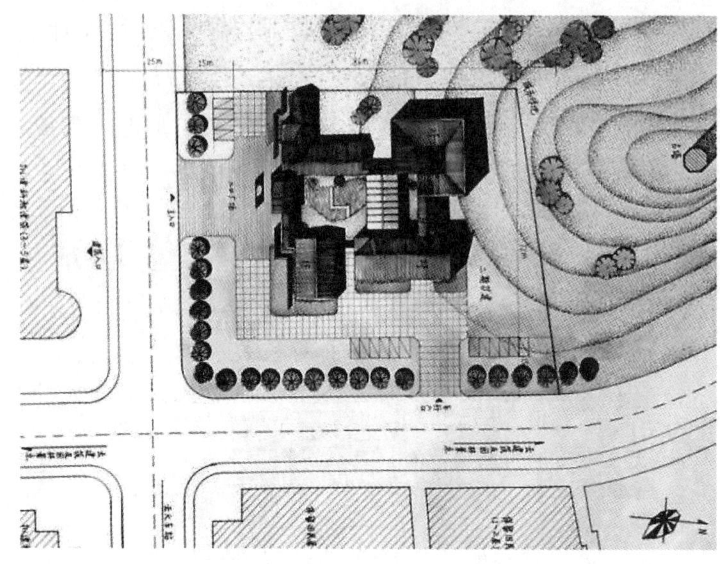

图 5－38　尺规作图表达

低年级的建筑设计系列课程任务书中设计成果的图纸部分，基本都有一个明确的要求：尺规作图，其中包括建筑总平面图、各层平面图、建筑剖面图、建筑立面图等。关于建筑总平面图、各层平面图、建筑剖面图和建筑立面图的概念在第一节已提及，本节仅针对工具制图需注意的要点加以概述。

①工具制图的图线

建筑平、立、剖面图、轴测图均是以线条绘制的形式表现出来，而实际上建筑的构成内容是有层次的，工具制图所表达的中心和重要性也是有区别的，这表明在工具制图时，单一的线条是无法完成建筑复杂内容的表达，因此，需要运用不同宽度的图线来对应不同内容的表达。

②尺寸标注

建筑制图的尺寸标注是为了配合一定比例的图线更直观、准确地反映建筑的真实长度、高度和间距。尺寸标注由尺寸界线、尺寸线、尺寸起止符号和尺寸数字组成。常用的建筑尺寸标注有直线尺寸的标注、半径尺寸的标注、角度的标注、坡度的标注和坡度的标注。非圆曲线可用坐标形式标注尺寸，复杂的图形可用网格形式标注尺寸。

建筑标高的标注应以细实线绘制的等腰直角三角形表示，总平面图中室外地坪标高符号用涂黑等腰直角三角形表示。

5.3.2 计算机辅助设计

在现代设计工具的发展历程中，最关键的是将计算机辅助设计引入设计过程。计算机辅助设计仅仅是近几十年的事情，但是它已经极大地改变了传统设计观念，当今计算机辅助设计已经渗透到建筑设计过程的方方面面。设计师可利用计算机辅助进行二维绘图、建立三维模型、形成动态文件、推导分析数据等工作。

在建筑设计中，应用最广泛的计算机辅助设计软件是AutoCAD，可以用于绘制二维制图和基本三维设计；另外，草图阶段建筑师可运用 Nemetschek Systems 公司的 Allplan 软件、Artifie 公司的 DesignWorkshop、Sketchup、Form. Z、Cinema 4D 等软件进行草图设计；设计师可用 3DMAX、VRay 等进行三维建模和渲染，用 Photoshop、PPT 等图形处理软件进行后期处理；用 Adobe In Design，CorelDRAW 等软件进行排版（图 5－39、5－40）。

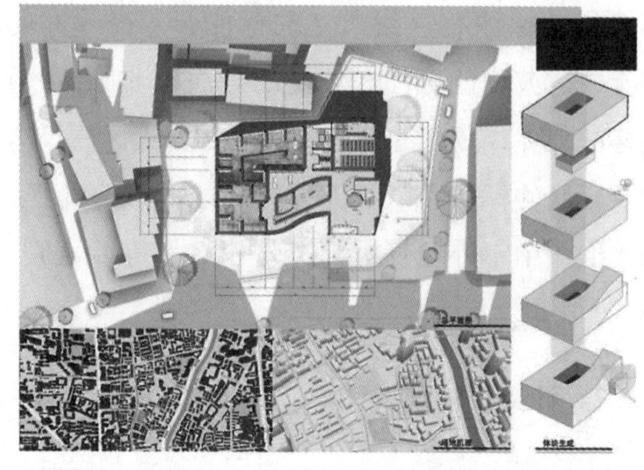

a

b

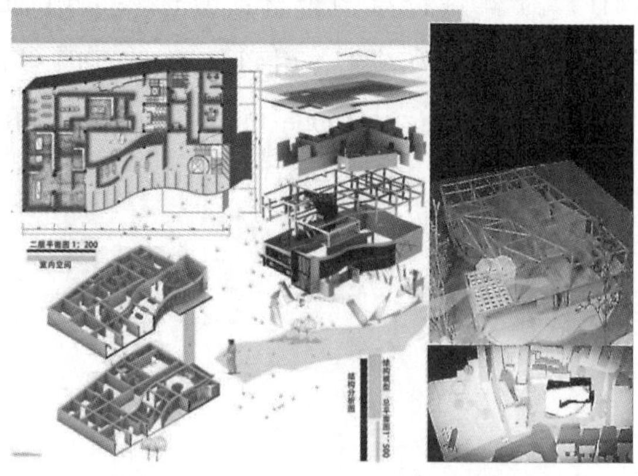

c

图 5－39　计算机辅助制图表达

a. 某山地度假酒店 SU 模型图

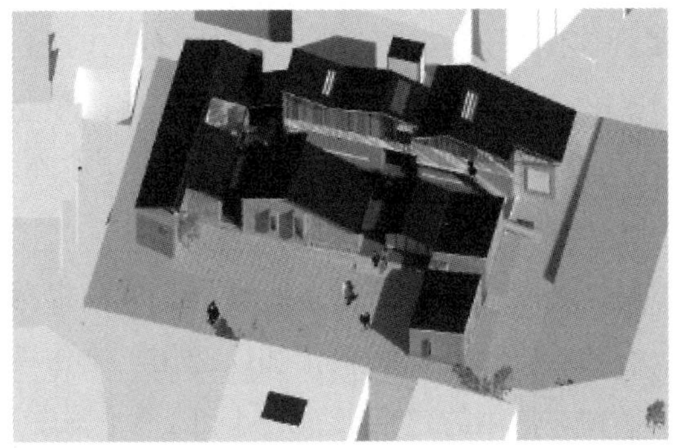

b. 某博物馆 SU 模型图

c. 某博物馆 SU 模型图

d. 某博物馆 SU 模型图

图 5-40 SU 辅助制作效果图

5.3.3 建筑模型的制作与表达

对于初学者来说，完全靠二维平面设计来把握设计思维活动，理解建筑空间形体，往往有很大困难。建筑模型有助于建筑设计的推敲，可以直观地体现设计意图，建筑模型具有的三维直观的视觉特点，弥补了图纸表现上的二维画面的局限。模型按照设计的过程可以分为工作模型和表现模型。前者用于推敲方案，研究方案与基地环境的关系以及建筑体量、体型、空间、结构和布局的相互关系，进行细节推敲。后者则为方案完成后所使用的模型，多用于对众展示，它需要在材质和细部刻画上表达准确。

（1）模型材料与工具

模型制作可以选用的材料多种多样，可以根据设计要求，按照不同材料的表现和制作加以选用。制作模型的材料多达上百种，常用的包括纸张（卡纸）、泡沫、塑料板、有机玻璃、石膏、黏土、石膏、海绵、金属、树脂等（图5－41）。建筑模型的制作多是手工与机械加工的结合。常用的模型制作工具按不同的用途可分为量度工具、切割工具、钻孔工具、辅助工具、加热工具、修整工具等。

a. 卡　纸　　b. 雪弗板　　c. 泡沫板

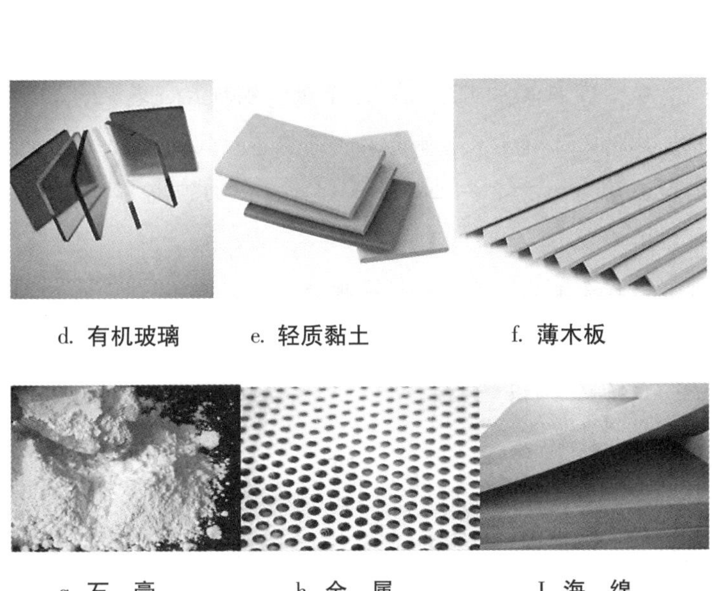

d. 有机玻璃　e. 轻质黏土　f. 薄木板

g. 石　膏　h. 金　属　J. 海　绵

图5－41　常用模型材料

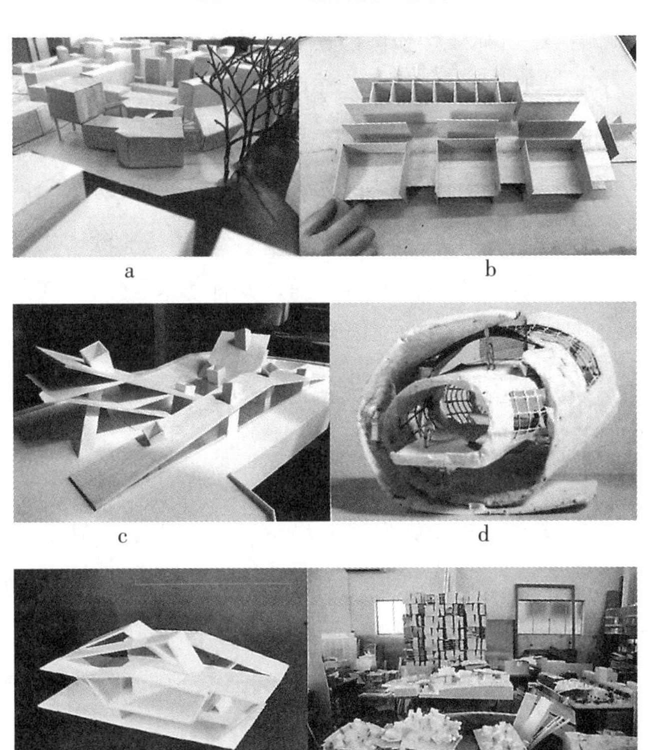

a　b

c　d

e　f

图5－42　工作模型

●量度工具：丁字尺、三角板、钢板尺、卷尺、蛇形尺、比例尺、直角尺、钢卷尺、圆规、曲线板

●切割工具：美工刀、木刻刀、剪刀、电热切割机、电脑雕刻机

●钻孔工具：手电钻、手摇钻

●加热工具：电路、电吹风

●修整工具：砂纸

（2）工作模型

工作模型也可称为构思模型，与构思草图一样是建筑构思阶段不可或缺的辅助构思工具，建筑师通常通过制作工作模型的过程来推敲和确定方案初步构思、完善设计方案，模型的制作者往往是建筑师本人。工作模型可以依据初步的意向草图来制作，也可以先做工作模型再做出构思草图。

工作模型的制作简单，常常不受比例的限制，由于要满足随时修改和研究设计，以及作为开展下一步工作的基础，因此，制作工作模型的材料常常选取一些易加工的如泡沫、黏土、卡纸等模型材料（图5－42）。卡纸由于使用工具简单、制作方便、价格低廉，并能够使我们的注意力更多地集中到对设计方案的推敲上去，不为单纯的表现效果和繁琐的工艺制作而浪费过多时间，因此尤其受到广大学生的青睐。

（3）表现模型

表现模型，也可称为展示模型，是在方案设计完成后所形成的，以设计方案的总图、平、立、剖面图为依据，按比例制作而成，是对设计师思想的清晰表达方式。相对于工作模型，表现模型在材质与细部刻画上都十分准确，它的作用一般是方案的汇报与展示、参与投标、竞赛等。

a b c d

图 5－43 表现模型

建筑单体模型一般选择雪弗板、有机玻璃、金属等材料制作。制作方式可手工也可机械加工。利用电脑雕刻机，借助 CAD 技术和相应的软件，将模型的数据输入，以获得精准的切割效果；以及通过计算机辅助设计（CAD）或计算机动画建模软件建模，再将建成的三维模型“分割”成逐层的截面，通过打印机逐层打印的模型在当今也变得非常普遍（图 5－43）。

5.3.4 其他表达形式

随着信息时代的到来，设计成果的表达除了传统的图纸、模型外，还出现了多种多样的形式。动画、视频等表现方式因为加入了视觉和听觉的体验，使得观者可以更直观地理解设计师的设计意图。近年来，设计团队采用自编自导自演的现场演出方式来进行设计方案汇报，也成为学生中较为新颖的表达方式。

本章小结

建筑设计是建筑专业学习的一项重要内容，是每个建筑系学生都应该掌握的基本技能。建筑设计的过程一般包含设计前期、方案设计、初步设计和施工图设计。方案设计是建筑设计的初始阶段，也是最重要的阶段，是建筑学专业的重要学习内容之一。建筑方案设计一般包括：设计构思、总平面设计、建筑平面设计、建筑剖面设计和建筑立面设计等几个方面。本章主要讨论建筑设计的过程、建筑设计的内容、建筑设计的表达，以此来加深对建筑学的理解。建筑设计的过程存在着各种各样的客观因素和主观因素，设计方法也不尽相同，但是了解和掌握一般的建筑设计的过程和内容，有助于我们更加科学、理性的认识建筑，从而为今后的专业学习打下坚实的基础。

参考文献

[1] 马可．布萨利（Marco Bussagli）著［意］，张晓春，李翔宁译．认识建筑［M］．北京：清华大学出版社，2009.5.

[2] 中村好文著［日］，林铮译．意中的建筑—空间品味卷［M］．北京：中国人民大学出版社，2009.5.

[3] 曲翠松．建筑材料与建筑形态设计［M］．北京：中国电力工业出版社，2014.2

[4] 王向荣，林箐．西方现代景观设计的理论与实践［M］．北京：中国建筑工业出版，2002.

[5]［英］洛兰·法雷利 Lorraine Farrelly．构造与材料［M］．黄中浩译大连：大连理工大学出版社，2010.

[6] 韩国 C3 出版公社．混凝土语言［M］．时跃，高文，赵珊珊，陈帅甫，薄寒光，牛文佳译大连：大连理工大学出版社，2012.

[7] 世界建筑杂志社．国外新住宅 100 例［M］．天津：天津科学出版社，1989.

[8] 罗小未．外国建筑历史图说［M］．上海：同济大学出版社，2008.6.

[9] 侯幼彬．中国古代建筑历史图说［M］．北京：中国建筑工业出版社，2019.4

[10] 刘淑婷．中外建筑史［M］．北京：中国建筑工业出版社，2010.3.

[11] 陈志华．外国建筑史（十九世纪末以前）［M］．北京：中国建筑工业出版社，2010.1.

［12］罗小未．外国近现代建筑史［M］．北京：中国建筑工业出版社，2008. 8.

［13］潘谷西．中国建筑史［M］．北京：中国建筑工业出版社，2015. 4.

［14］吴薇．中外建筑史［M］．北京：北京大学出版社，2014. 6.

［15］汝信．全彩西方建筑艺术史［M］．银川：宁夏人民出版社，2002. 5.

［16］汝信．全彩中国建筑艺术史［M］．银川：宁夏人民出版社，2002. 5.

［17］李之吉．中外建筑史［M］．北京：中国建筑工业出版社，2015. 2.

［18］陈志华．外国古建筑二十讲［M］．北京：三联书店，2002

［19］毛白滔．建筑空间的形式意蕴［M］．北京：中国建筑工业出版社，2019. 6.

［20］坂本一成等著．武蔚编，陆少波译．建筑构成学建筑设计的方法［M］．上海：同济大学出版社有限公司，2018. 7，

［21］彭一刚．中外建筑史［M］．北京：中国建筑工业出版社，1998. 10.

［22］程大锦．建筑：形式・空间和秩序［M］．北京：天津大学出版社．2005.

［23］阎培渝，杨静，王强．新编木工程新技术丛书建筑材料（第三版）［M］．北京：中国水利水电出版社．2013

［24］张光磊．新型建筑材料（第二版）［M］．北京：中国电力出版社．2014

［25］阎培渝，杨静，王强．新编木工程新技术丛书建

筑材料（第三版）［M］. 中国水利水电出版社 . 2013

［26］《建筑抗震设计规范》GB 50011 – 2010（2016 版）

［27］《全国民用建筑工程设计技术措施》2009

［28］《钢结构设计标准 2017》GB 50017 – 2017

［29］《智能建筑设计标准》GB 50314 – 2015

［30］林同炎等 . 结构概念和体系（第二版）［M］. 北京：中国建筑工业出版社 . 2006

［31］深泽义和 . 建筑结构设计精髓［M］. 北京：中国建筑工业出版社 . 2010

［32］魏鋆等 . 建筑设备［M］. 北京：煤炭工业出版社 . 2013

［33］刘占孟，聂发辉等 . 建筑设备［M］. 北京：清华大学出版社 . 2018

［34］程大金，伊恩 · M. 夏皮罗著 . 刘丛红译 . 图解绿色建筑［M］. 天津：天津大学出版社 . 2017

［35］（荷）赫曼 . 赫茨伯格 . 建筑学教程 1 – 设计原理［M］. 天津：天津大学出版社，2010. 6.

［36］丁沃沃，刘铨，冷天 . 建筑设计基础［M］. 北京：中国建筑工业出版社，2014. 6

［37］彭一刚 . 建筑空间组合论［M］. 北京：中国建筑工业出版社，2008. 6

［38］刘磊 . 场地设计［M］. 北京：中国建材工业出版社，2007. 5

［39］刘云月 . 公共建筑设计原理［M］. 北京：中国建筑工业出版社，2013. 7

［40］Anthony Di Mari 著，腾艺梦栗茜译 . 建筑元素设计—空间体量操作入门［M］. 北京：机械工业出版社，2020. 8

[41] Baires Raffaelli 著，腾艺梦栗茜译．建筑造型速成指南—创意、操作和实例［M］．北京：机械工业出版社，2020. 8

[42] Sophia Vyzoviti 著，腾艺梦栗茜译．建筑折叠—空间、结构和组织图解［M］．北京：机械工业出版社，2020. 8.

[43] 迪特尔．普林茨，克劳斯．D. 迈耶保克恩著．建筑思维的草图表达［M］．南京：江苏凤凰科学技术出版社，2017. 3

[44] 李映彤，汤留泉．建筑模型设计与制作［M］．北京：中国轻工业出版社，2010. 1

[45] 刘波，史青．建筑设计初步［M］．合肥：合肥工业大学出版社，2018. 1

[46] 潘明率，王晓博．建筑设计基本知识与技能训练［M］．北京：中国电力出版社，2008. 4